# ABITUR-TRAINING MATHEMATIK



Sybille Reimann

# Stochastik

Grundkurs
Aufgaben mit Lösungen

**für G9**

STARK

Umschlagbild: www.sxc.hu

ISBN 978-3-89449-175-8


www.stark-verlag.de
1. Auflage 1984

# Inhalt

## Theorie und Aufgaben




**Autorin:** Sybille Reimann

# 1. Ergebnisraum

Jeder Ausgang eines Zufallsexperiments (z. B. Werfen eines Würfels) ist ein **"Ergebnis"** (z. B. ⚃) dieses Experiments. Die Menge aller bei einem Experiment möglichen Ergebnisse (z. B. {1; 2; 3; 4; 5; 6}) nennt man **"Ergebnisraum Ω"**. **Jedes** mögliche Ergebnis taucht in Ω also **genau einmal** auf.

Besteht ein Experiment aus mehreren (n) Einzelexperimenten (z. B. Werfen zweier Würfel), so ist jedes Ergebnis ein n-Tupel.

VORSICHT

Der Ergebnisraum Ω **eines** Experiments kann je nach Bedarf auf verschiedene Arten angegeben werden.

*Beispiel:*

Experiment: Werfen zweier Würfel

$$\Omega_1 = \{ \begin{array}{cccccc} (1;1) & (1;2) & (1;3) & (1;4) & (1;5) & (1;6) \\ & & \cdot & \cdot & \cdot & \cdot \\ (2;1) & (2;2) & \cdot & \cdot & \cdot & \cdot \\ \cdot & \cdot & \cdot & \cdot & \cdot & \cdot \\ \cdot & \cdot & \cdot & \cdot & \cdot & \cdot \\ \cdot & \cdot & \cdot & \cdot & \cdot & \cdot \\ \cdot & \cdot & \cdot & \cdot & \cdot & \cdot \\ (6;1) & (6;2) & (6;3) & (6;4) & (6;5) & (6;6) \end{array} \}$$

$$\Omega_2 = \left\{ \begin{array}{cccccc} (1;1) & (1;2) & (1;3) & (1;4) & (1;5) & (1;6) \\ & (2;2) & \cdot & \cdot & \cdot & \cdot \\ & & (3;3) & & & \cdot \\ & & & \cdot & & \cdot \\ & & & & \cdot & \cdot \\ & & & & & (6;6) \end{array} \right\}$$

$\Omega_3 = \{2; 3; 4; .... 12\}$
$\Omega_4 = \{$Augensumme gerade; Augensumme ungerade$\}$
$\Omega_5 = \{$Pasch; nicht Pasch$\}$

$\Omega_1$ und $\Omega_2$ geben die einzelnen Augenzahlen an, jedoch unterscheiden sich nur bei $\Omega_1$ die beiden Würfel (z. B. durch die Farbe).
$\Omega_3$ und $\Omega_4$ betrachten die Augensumme der beiden Würfel. $\Omega_4$ ist jedoch "gröber" als $\Omega_3$. In beiden Fällen beinhalten die aufgelisteten Ergebnisse ein oder mehrere Zahlenpaare.
$\Omega_5$ wäre ein für ein Glücksspiel geeigneter Ergebnisraum.

Um den Ergebnisraum komplizierterer, zusammengesetzter Experimente anschaulich zu machen, empfiehlt sich oft ein **Baumdiagramm**.

*Beispiel:*

In Urne I befinden sich 1 rote und 2 schwarze Kugeln, in Urne II 1 rote, 1 schwarze und 1 weiße Kugel. Nun werden aus einer der Urnen nacheinander zwei Kugeln gezogen, wobei die erste Kugel nach dem ersten Zug nicht in die Urne zurückgelegt wird.

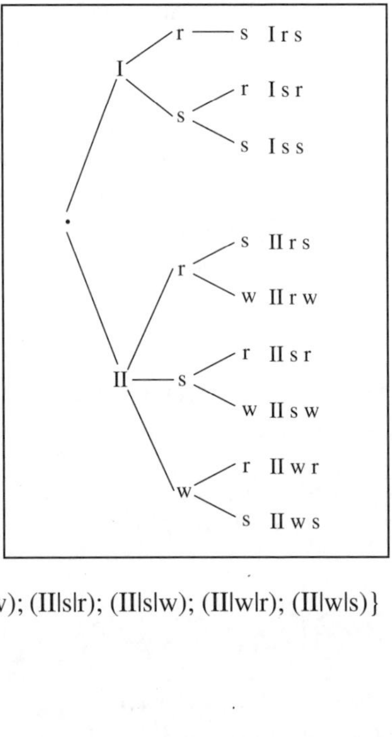


Baumdiagramm

$\Omega = \{(I|r|s); (I|s|r); (I|s|s); (II|r|s); (II|r|w); (II|s|r); (II|s|w); (II|w|r); (II|w|s)\}$

*Beispiel:*

A und B liefern sich ein Tennismatch. Sieger ist, wer zuerst 2 Spiele hintereinander oder insgesamt 3 Spiele gewonnen hat.

Baumdiagramm

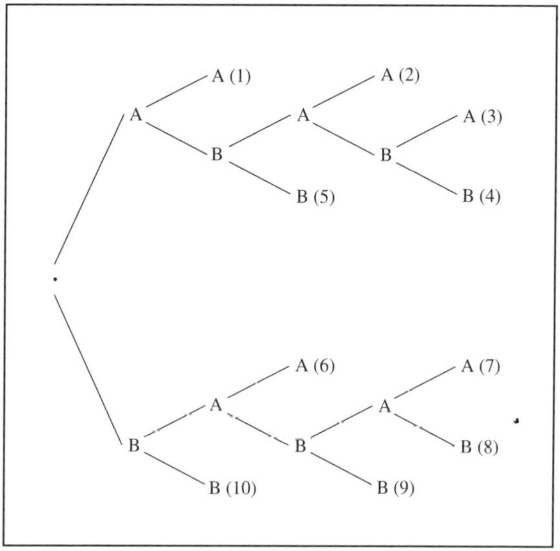


$$\Omega = \{\underset{(1)}{(A|A)};\ \underset{(2)}{(A|B|A|A)};\ \underset{(3)}{(A|B|A|B|A)};\ \underset{(4)}{(A|B|A|B|B)};\ \underset{(5)}{(A|B|B)};$$

$$\underset{(6)}{(B|A|A)};\ \underset{(7)}{(B|A|B|A|A)};\ \underset{(8)}{(B|A|B|A|B)};\ \underset{(9)}{(B|A|B|B)};\ \underset{(10)}{(B|B)}\}$$

## Aufgaben

**1.** Man gebe jeweils einen passenden Ergebnisraum an.

a) Aus den Ziffern 1; 2; 3; 4 werden zweistellige Zahlen gebildet.

b) Aus den Ziffern 1; 2; 3; 4 werden zweistellige Zahlen gebildet, in denen keine Ziffer zweimal vorkommt.

c) Aus einem Skatspiel (32 Karten) wird eine Karte gezogen und die Farbe notiert.

d) Aus einem Skatspiel (32 Karten) wird eine Karte gezogen und der Wert notiert.

e) Ein Würfel und zwei unterscheidbare Münzen werden geworfen.

f) Aus einer Urne mit 3 roten und 2 weißen Kugeln werden nacheinander 3 Kugeln gezogen, ohne die einzelnen Kugeln dazwischen wieder in die Urne zu legen.

g) Aus einer Urne mit 3 roten und 2 weißen Kugeln werden nacheinander 3 Kugeln gezogen und die jeweils gezogene Kugel sofort wieder in die Urne zurückgelegt.

h) Ein Prüfling kann sich aus den fünf Prüfungsfragen a, b, c, d, e zwei aussuchen.

i) Aus den 5 Tanzstundenherren Anton, Bernhard, Christian, Dieter und Emil und den 4 Tanzstundendamen Franziska, Gabi, Helga und Inge bilden sich Tanzpaare.

j) Die beiden Geschwister Anna und Bernhard erhalten 4 Äpfel.

**2.** Man zeichne jeweils ein Baumdiagramm.

a) A und B spielen Karten. Sieger ist, wer 2 Spiele hintereinander oder insgesamt 4 Spiele gewonnen hat.

b) Ein Tetraeder, auf dessen 4 Seiten die Zahlen 1, 2, 3 und 4 aufgemalt sind, wird geworfen. Das Spiel ist zu Ende, wenn eine ungerade Zahl gewürfelt wird oder wenn die Gesamtaugenzahl 9 erreicht bzw. übersteigt oder wenn viermal gewürfelt wurde.

c) A geht mit einem Chip an einen Spielautomaten, bei dem er je Spiel entweder einen Chip gewinnen oder verlieren kann. Er hört auf zu spielen, wenn er keinen Chip mehr hat oder 4 Chips in Händen hält oder fünfmal gespielt hat.

# 2. Ereignis

## Definition

Jede Teilmenge E von $\Omega$ kennzeichnet ein **Ereignis** des $\Omega$ zugrundeliegenden Experiments.

| | | |
|---|---|---|
| Experiment: | Werfen eines Würfels | $\Omega = \{1; 2; 3; 4; 5; 6\}$ |
| Ereignisse: | Augenzahl $\leq 3$ | $E_1 = \{1; 2; 3\}$ |
| | Augenzahl prim | $E_2 = \{2; 3; 5\}$ |
| | Augenzahl 1 | $E_3 = \{1\}$ |
| | Augenzahl > 10 | $E_4 = \{\ \}$ |
| | Augenzahl < 8 | $E_5 = \{1; 2; 3; 4; 5; 6\}$ |

Gilt für ein Ergebnis $\omega$ eines Experiments $\omega \in E$, so sagt man **"E ist eingetreten"**.

*Beispiel:*

Ergibt ein Wurf das Ergebnis 3, so ist $E_1$, $E_2$ und $E_5$ eingetreten, da das Ergebnis 3 in diesen Ereignissen enthalten ist.

Ist $E = \{\ \} = \emptyset$, so heißt E **"unmögliches Ereignis"** (z. B. $E_4$)
Ist $E = \Omega$ , so heißt E **"sicheres Ereignis"** (z. B. $E_5$)

## Gegenereignis

Besitzt ein Ereignis alle Elemente aus $\Omega$, die nicht im Ereignis E vorkommen, so heißt dieses Ereignis **"Gegenereignis $\overline{E}$"** oder **"Komplementärereignis $\overline{E}$"** zu E.

(grau) $= \overline{E}$

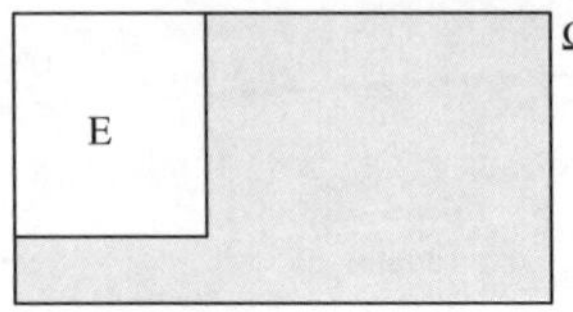


*Beispiel:*

| | |
|---|---|
| $\overline{E}_1 = \{4; 5; 6\}$ | Augenzahl > 3 |
| $\overline{E}_2 = \{1; 4; 6;\}$ | Augenzahl ist nicht prim |
| $\overline{E}_3 = \{2; 3; 4; 5; 6\}$ | Augenzahl ist nicht 1 |
| $\overline{E}_4 = \{1; 2; 3; 4; 5; 6\}$ | Augenzahl $\leq 10$ |
| $\overline{E}_5 = \{\ \} = \emptyset$ | Augenzahl $\geq 8$ |

## Durchschnitt

Soll sowohl das Ereignis $E_1$ als auch das Ereignis $E_2$ eintreten, so spricht man vom **"Durchschnitt"** der beiden Ereignisse und schreibt $\mathbf{E_1 \cap E_2}$. Zum Durchschnitt gehören alle Ergebnisse, die sowohl in $E_1$ als auch in $E_2$ enthalten sind.

(grau) $= E_1 \cap E_2$

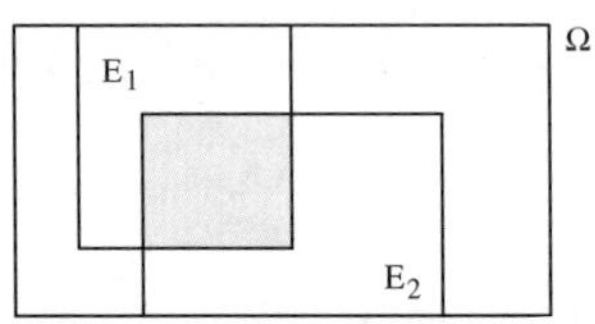

*Beispiel:*

$E_1 \cap E_2 = \{1; 2; 3\} \cap \{2; 3; 5\} = \{2; 3\}$
Augenzahl ist $\leq 3$ und zugleich prim

$E_2 \cap E_3 = \{2; 3; 5\} \cap \{1\} = \{\ \} = \emptyset$
Augenzahl ist prim und zugleich 1

$E_2 \cap \overline{E}_2 = \{2; 3; 5\} \cap \{1; 4; 6\} = \{\ \} = \emptyset$
Augenzahl ist prim und zugleich nicht prim

**allgemein:** $\mathbf{A \cap \overline{A} = \{\ \} = \emptyset}$

Ist der Durchschnitt zweier Ereignisse die leere Menge (z. B. $E_2 \cap E_3 = \emptyset$; $E_2 \cap \overline{E}_2 = \emptyset$), so heißen die beiden Ereignisse **"unvereinbar"**. Wenn ein Ereignis eintritt, kann niemals zugleich auch das andere eintreten.

$E_1 \cap E_2 = \emptyset$

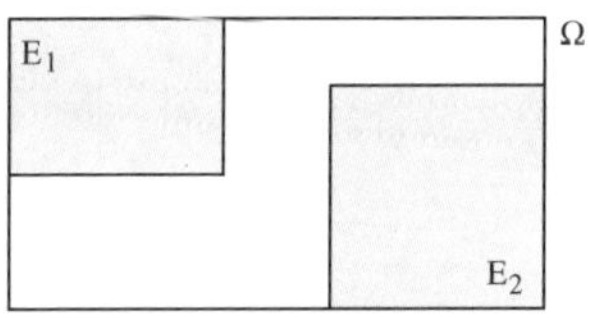


## Vereinigung

Soll das Ereignis $E_1$ oder auch das Ereignis $E_2$ eintreten, so spricht man von der **"Vereinigung"** der beiden Ereignisse und schreibt $\mathbf{E_1 \cup E_2}$. Zur Vereinigung gehören alle Ergebnisse, die in $E_1$ oder in $E_2$ (oder in beiden) enthalten sind.

▒ $= E_1 \cup E_2$

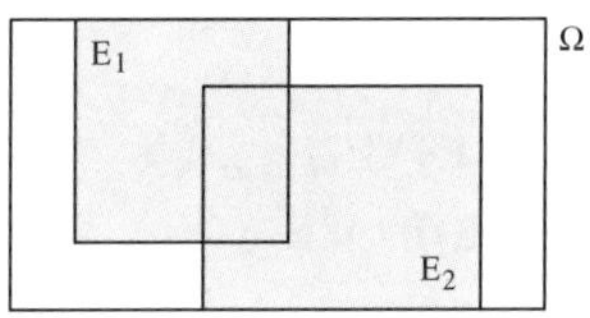

*Beispiel:*

$E_1 \cup E_2 = \{1; 2; 3\} \cup \{2; 3; 5\} = \{1; 2; 3; 5\}$
Augenzahl ist $\leq 3$ oder prim

$E_2 \cup E_3 = \{2; 3; 5\} \cup \{1\} = \{1; 2; 3; 5\}$
Augenzahl ist prim oder 1

$E_2 \cup \overline{E}_2 = \{2; 3; 5\} \cup \{1; 4; 6\} = \{1; 2; 3; 4; 5; 6\} = \Omega$
Augenzahl ist prim oder nicht prim

**allgemein:** $\boxed{A \cup \overline{A} = \Omega}$

VORSICHT

Die Elementeanzahl **= Mächtigkeit** von $E_1 \cup E_2$ (man schreibt $| E_1 \cup E_2 |$) ist **nur dann** gleich der Summe der Elemente von $E_1$ und $E_2$, wenn $E_1$ und $E_2$ unvereinbar sind.

▒ $= E_1 \cup E_2$

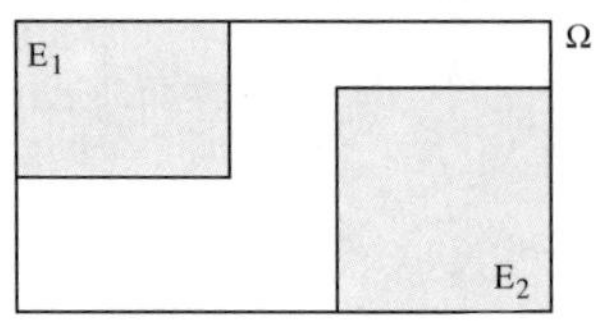


$| E_1 \cup E_2 | = | E_1 | + | E_2 | \quad \Leftrightarrow \quad E_1 \cap E_2 = \varnothing$

VORSICHT

Im Gegensatz zu "$E_1$ oder $E_2$" ($E_1 \cup E_2$) bedeutet **"entweder $E_1$ oder $E_2$"**, daß **nur** $E_1$ oder **nur** $E_2$ eintreten soll. Also $E_1$, aber nicht $E_2$, oder $E_2$, aber nicht $E_1$.

Man schreibt:

$(E_1 \cap \overline{E}_2) \cup (E_2 \cap \overline{E}_1)$

$= (E_1 \setminus E_2) \cup (E_2 \setminus E_1)$ $\qquad$ \ "ohne"

$= (E_1 \setminus (E_1 \cap E_2)) \cup (E_2 \setminus (E_1 \cap E_2))$

▒ $= E_1 \setminus E_2$

▓ $= E_2 \setminus E_1$

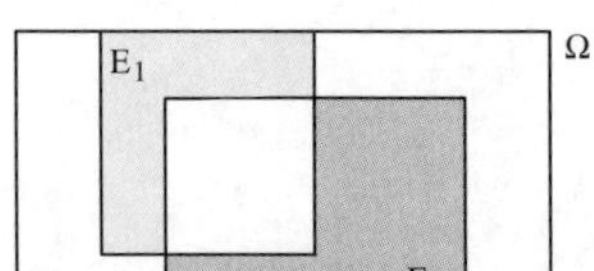

## "Höchstens" und "mindestens"

Am häufigsten braucht man die Vereinigung von Ereignissen bei allen Ereignissen, in deren Beschreibung eines der Worte **"höchstens"** oder **"mindestens"** auftaucht.

*Beispiel:*

Aus einer Urne mit 7 roten und 4 weißen Kugeln werden 5 Kugeln gezogen, ohne daß die jeweils gezogene Kugel in die Urne zurückgelegt wird.

$E_1$: "höchstens 2 Kugeln sind weiß"

Umständlich gesprochen: keine weiße oder eine weiße oder zwei weiße; also

$E_1$ = {rrrrr} ∪
{wrrrr; rwrrr; rrwrr; rrrwr; rrrrw} ∪
{wwrrr; wrwrr; wrrwr; wrrrw; rwwrr; rwrwr; rwrrw; rrwwr; rrwrw; rrrww}

$E_2$: "mindestens 4 Kugeln sind rot"

Umständlich gesprochen: vier rote oder fünf rote; also

$E_2$ = {rrrrw; rrrwr; rrwrr; rwrrr; wrrrr} ∪ {rrrrr}

$E_3$: "höchstens 4 Kugeln sind rot"

Umständlich gesprochen: keine rote oder eine rote oder zwei rote oder drei rote oder vier rote

Sehr viel kürzer und damit leichter: "nicht (5 Kugeln rot)" also

$E_3 = \{\overline{\text{rrrrr}}\}$

$E_4$: "mindestens 1 Kugel ist rot"

Umständlich gesprochen: eine rote oder zwei rote oder drei rote oder vier rote oder fünf rote

Sehr viel kürzer und damit leichter: "nicht (keine rote)" also

$E_4 = \{\overline{\text{wwwww}}\}$

## Aufgaben

**3.** Zwei unterscheidbare Würfel werden geworfen. Geben Sie zu jedem Ereignis $E_i$ die zugehörige Teilmenge von $\Omega$ an.

$E_1$: "erster Würfel zeigt 6"
$E_2$: "beide Würfel ungerade"
$E_3$: "erster Würfel prim, zweiter Würfel gerade"
$E_4$: "ein Würfel prim, der andere Würfel gerade"
$E_5$: "Augensumme 4"
$E_6$: "Augensumme mindestens 10"
$E_7$: "Augensumme mindestens 13"
$E_8$: "Augensumme höchstens 3"

**4.** Aus den Ziffern 1; 2; 3; 4 werden dreistellige Zahlen gebildet, in denen jede Ziffer höchstens einmal vorkommt. Geben Sie zu jedem Ereignis $E_i$ die zugehörige Teilmenge von $\Omega$ an.

$E_1$: "Zahl größer 300"
$E_2$: "Zahl kleiner 200"
$E_3$: "Zahl durch 3 teilbar"
$E_4$: "Zahl durch 5 teilbar"
$E_5$: "Zahl größer 300 und durch 3 teilbar"
$E_6$: "Zahl größer 300 oder durch 3 teilbar"
$E_7$: "Zahl entweder größer 300 oder durch 3 teilbar"

**5.** Aus einem Skatspiel werden nacheinander mit Zurücklegen 2 Karten gezogen und die Farbe notiert. Geben Sie zu jedem Ereignis $E_i$ die zugehörige Teilmenge von $\Omega$ an.

$E_1$: "beide Karten Herz"
$E_2$: "beide Karten dieselbe Farbe"
$E_3$: "eine Karte Herz, eine Karte Pik"

Geben Sie zu jeder Teilmenge $E_i$ eine Wortform des Ereignisses an (das Experiment bleibt dasselbe).

$E_4 = \{♥♣; ♥♠; ♥♥; ♥♦\}$
$E_5 = \{♥♣: ♥♠: ♥♦: ♣♥; ♠♥; ♦♥\}$
$E_6 = \{♥♣; ♥♠; ♦♣; ♦♠\}$
$E_7 = \{♥♥; ♥♦; ♦♥; ♦♦\}$

**6.** Aus den Parteimitgliedern A, B, C, D, E soll eine dreiköpfige Kommission gebildet werden. Geben Sie zu jedem Ereignis $E_i$ die zugehörige Teilmenge von $\Omega$ an.

$E_1$: "A gehört der Kommission an"
$E_2$: "weder B noch D gehören der Kommission an"
$E_3$: "entweder B oder D gehören der Kommission an"
$E_4$: "wenn B der Kommission angehört, so kann D ihr nicht angehören und umgekehrt"
$E_5$: "mit B gehört auch D der Kommission an"

**7.** Aus einer Urne mit 10 roten und 10 weißen Kugeln werden nacheinander mit Zurücklegen 4 Kugeln entnommen. Geben Sie zu jedem Ereignis $E_i$ die zugehörige Teilmenge von $\Omega$ an.

$E_1$: "die 2. Kugel ist rot"
$E_2$: "genau die 2. Kugel ist rot"
$E_3$: "mindestens 2 Kugeln sind rot"
$E_4$: "mindestens 1 Kugel ist rot"
$E_5$: "höchstens 1 Kugel ist rot"
$E_6$: "entweder die beiden ersten oder die beiden letzten Kugeln sind rot"
$E_7$: "die beiden ersten oder die beiden letzten Kugeln sind rot"
$E_8$: "die beiden ersten und die beiden letzten Kugeln sind rot"

Geben Sie zu jeder Teilmenge $E_i$ eine Wortform des Ereignisses an (das Experiment bleibt dasselbe).

$E_9 = \{rwrw; rrrw; rwrr; rrrr\}$
$E_{10} = \{\overline{rrrr}\}$
$E_{11} = \{rrrw\}$
$E_{12} = \{rrrw; rrrr\}$
$E_{13} = \{rrrw; rrwr; rwrr; wrrr; rrrr\}$

**8.** In einer Prüfung müssen 3 der 6 gestellten Fragen (1., 2., ... 6.) bearbeitet werden. Geben Sie zu jedem Ereignis $E_i$ die zugehörige Teilmenge von $\Omega$ an.

$E_1$: "Frage 3 muß bearbeitet werden"
$E_2$: "die erste und letzte Frage müssen bearbeitet werden"
$E_3$: "entweder die erste oder die letzte Frage muß bearbeitet werden"
$E_4$: "wird Frage 2 bearbeitet, so muß auch Frage 4 bearbeitet werden"
$E_5$: "wird Frage 2 bearbeitet, so darf Frage 5 nicht bearbeitet werden"

# 3. Kombinatorik

## "Neue" Begriffe

a) n! (lies: "n Fakultät")

$n! = n \cdot (n-1) \cdot (n-2) \cdot (n-3) \cdot \ldots \cdot 2 \cdot 1 \qquad n \in \mathbb{N}$

n! ist das Produkt aller **natürlichen** Zahlen von 1 bis n.

*Beispiel:*

$4! = 4 \cdot 3 \cdot 2 \cdot 1 = 24$

$7! = 7 \cdot 6 \cdot 5 \cdot 4 \cdot 3 \cdot 2 \cdot 1 = 5040$

Bitte benutzen Sie eine Tabelle.

Aus Gründen der Vollständig- und Zweckmäßigkeit definiert man

$$0! = 1$$

b) $\binom{n}{k}$ (lies: "k aus n")

$$\binom{n}{k} = \frac{n!}{(n-k)!\,k!} \qquad n; k \in \mathbb{N}$$

Bei der Berechnung erscheinen in Zähler und Nenner stets gleich viele Faktoren, da n! mit (n – k)! gekürzt werden kann. Das Ergebnis ist immer eine natürliche Zahl.

*Beispiele:*

$$\binom{7}{3} = \frac{7!}{4!\,3!} = \frac{7 \cdot 6 \cdot 5 \cdot 4 \cdot 3 \cdot 2 \cdot 1}{4 \cdot 3 \cdot 2 \cdot 1 \cdot 3 \cdot 2 \cdot 1} = 35$$

$$\binom{9}{2} = \frac{9!}{7!\,2!} = \frac{9 \cdot 8 \cdot 7 \cdot 6 \cdot 5 \cdot 4 \cdot 3 \cdot 2 \cdot 1}{7 \cdot 6 \cdot 5 \cdot 4 \cdot 3 \cdot 2 \cdot 1 \cdot 2 \cdot 1} = 36$$

Noch besser ist es, wenn Sie eine Tabelle benutzen.

Für schnelle Umrechnungen ist die Anwendung der Formel zweckmäßig:

$$\boldsymbol{\binom{n}{k} = \binom{n}{n-k}}$$

Die Richtigkeit läßt sich schnell beweisen:

$$\binom{n}{k} = \frac{n!}{(n-k)!\,k!} = \frac{n!}{(n-k)!\,(n-(n-k))!}$$

$$= \frac{n!}{(n-(n-k))!\,(n-k)!} = \binom{n}{n-k}$$

*Beispiele:*

$$\binom{9}{6} = \binom{9}{3}$$

$$\binom{52}{37} = \binom{52}{15}$$

# Allgemeines Zählprinzip

A und B kandidieren um den Vereinsvorsitz. C, D und E stellen sich der Wahl zum Stellvertreter und F, G, H und I sind als Schatzmeister vorgeschlagen. Wieviele verschiedene Wahlausgänge (Vorsitzender – Stellvertreter – Schatzmeister) sind möglich?

Veranschaulichung mit Hilfe eines Baumdiagramms

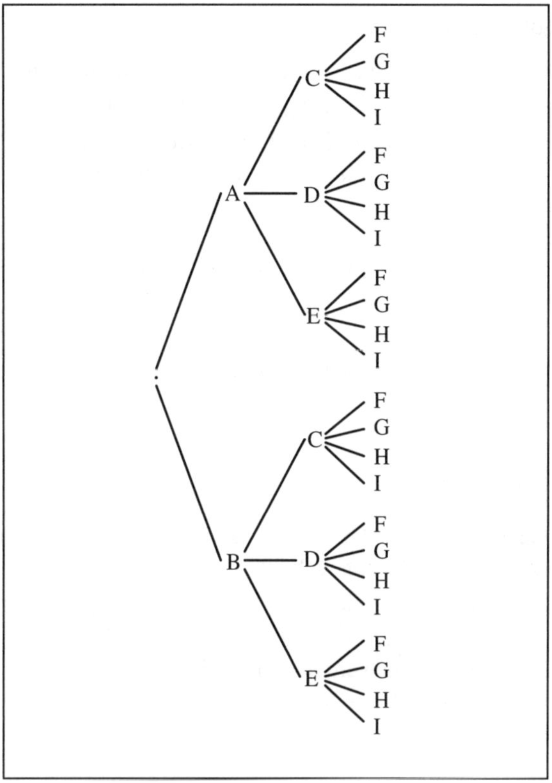


Für die Wahl des Vorsitzenden sind [2] Möglichkeiten gegeben. Unabhängig davon, wer die Wahl gewinnt, gibt es für den Stellvertreter [3] Möglichkeiten. Für das Paar Vorsitzender – Stellvertreter ergeben sich also

$$\boxed{2} \cdot \boxed{3} = 6$$

Möglichkeiten.

Unabhängig von dieser "Paarbildung" stehen jeweils [4] Kandidaten für das Amt des Schatzmeisters zur Verfügung. Für das Tripel

Vorsitzender – Stellvertreter – Schatzmeister ergeben sich also

$$\boxed{2} \cdot \boxed{3} \cdot \boxed{4} = 24$$

Möglichkeiten.

**allgemein:**

Gibt es bei einem aus n Teilen zusammengesetzten Experiment

im 1. Fall $m_1$ Möglichkeiten
im 2. Fall $m_2$ Möglichkeiten
im 3. Fall $m_3$ Möglichkeiten
.
.
im n. Fall $m_n$ Möglichkeiten, so besitzt das Experiment

$$\boxed{\mathbf{m_1 \cdot m_2 \cdot m_3 \cdot \ldots \cdot m_n}}$$

mögliche Ergebnisse.

## Formeln

Gegeben sei eine Urne mit 10 Kugeln, die sich nur durch ihre Beschriftung (Ziffern 0 bis 9) unterscheiden.

⓪ ① ② ③ ④ ⑤ ⑥ ⑦ ⑧ ⑨

Aus dieser Urne werden nun auf 3 verschiedene Arten Kugeln herausgenommen. Gefragt ist nach der Anzahl der möglichen Ergebnisse beim jeweiligen Experiment.

a) Es werden nacheinander (= mit Berücksichtigung der Reihenfolge) 3 Kugeln gezogen, ohne daß die gezogene Kugel zurückgelegt wird (= ohne Zurücklegen).

Für die 1. Kugel gibt es $\boxed{10}$ Möglichkeiten des Ergebnisses, da 10 Kugeln in der Urne sind,

z. B. ⑦

Für die 2. Kugel gibt es $\boxed{9}$ Möglichkeiten des Ergebnisses, da sich nur noch 9 Kugeln in der Urne befinden,

z. B. ④

Für die 3. Kugel gibt es $\boxed{8}$ Möglichkeiten des Ergebnisses, da sich nur mehr 8 Kugeln in der Urne befinden,

z. B. ①

Nach dem Zählprinzip ergeben sich somit insgesamt

$$\boxed{10} \cdot \boxed{9} \cdot \boxed{8}$$

mögliche Ergebnisse

z. B. ⑦ ④ ①

Das Resultat läßt sich noch umformen

$$10 \cdot 9 \cdot 8 = \frac{10!}{7!} = \boxed{\mathbf{\frac{10!}{(10-3)!}}}$$

b) Es werden nacheinander (= mit Berücksichtigung der Reihenfolge) 3 Kugeln gezogen, wobei jede gezogene Kugel sofort wieder in die Urne zurückgelegt wird (= mit Zurücklegen).

Für die 1. Kugel gibt es $\boxed{10}$ Möglichkeiten,

z. B. ⑦

Für die 2. Kugel gibt es wiederum $\boxed{10}$ Möglichkeiten, da wieder alle Kugeln in der Urne sind,

z. B. ②

Für die 3. Kugel gibt es wiederum $\boxed{10}$ Möglichkeiten,

z. B. ②

Nach dem Zählprinzip ergeben sich somit insgesamt

$$10 \cdot 10 \cdot 10 = \boxed{\mathbf{10^3}}$$

mögliche Ergebnisse

z. B. ⑦ ② ②

Da zurückgelegt wird, kann jede Ziffer mehrfach auftreten.

c) Es werden gleichzeitig (= ohne Berücksichtigung einer Reihenfolge und ohne Zurücklegen) 3 Kugeln aus der Urne gezogen (entspricht der Bildung einer 3-elementigen Teilmenge der 10 in der Urne befindlichen Kugeln).

Da jede Kugel nur höchstens einmal auftreten kann, gäbe es nach (a) unter Berücksichtigung der Reihenfolge

$$\frac{10!}{(10-3)!}$$

mögliche Ergebnisse. Es sollen jetzt jedoch z. B.

⑦④①   ④⑦①   ①④⑦
⑦①④   ④①⑦   ①⑦④

nicht unterschieden werden. Da sich beim Ziehen von 3 Kugeln diese auf $3 \cdot 2 \cdot 1 = 3!$ Arten anordnen lassen, muß das Resultat von (a) durch 3! dividiert werden. Also:

$$\frac{10!}{(10-3)!\,3!} = \boxed{\binom{\mathbf{10}}{\mathbf{3}}}$$

mögliche Ergebnisse.

d) Verwendet man allgemein eine Urne mit n (statt 10) Kugeln, aus der k (statt 3) Kugeln gezogen werden, so erhält man folgende Resultate

| Reihenfolge | Zurücklegen | Anzahl der möglichen Ergebnisse | |
|---|---|---|---|
| mit | ohne | $\frac{n!}{(n-k)!}$ | $k \le n$ |
| mit | mit | $n^k$ | |
| ohne | ohne | $\binom{n}{k}$ | $k \le n$ |

wobei stets $n, k \in \mathbb{N}$ gelten muß.

e) Noch einige "Anwendungstricks" für diese Formeln:

(1) Gemäß Teilaufgabe a) lassen sich 5 verschiedenfarbige Kugeln auf

$$\frac{5!}{(5-5)!} = \frac{5!}{0!} = 5!$$

verschiedene Arten hintereinander anordnen.

Dies gilt jedoch **nur**, wenn die Kugeln in eine **Reihe** gelegt werden sollen. Ordnet man die Kugeln in einem **Kreis** an, so sind die Anordnungen

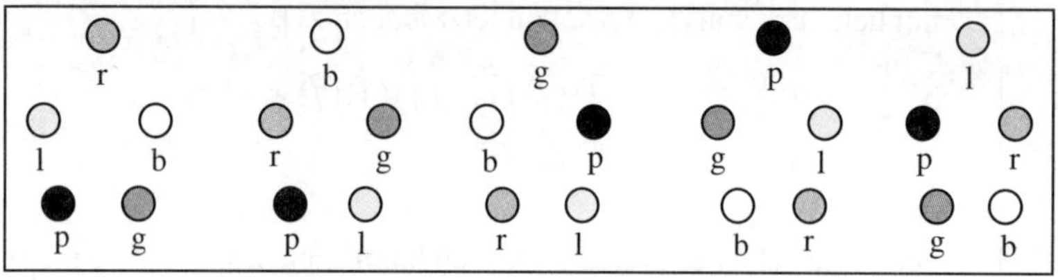


(r = rot, b = blau, g = grün, p = pink, l = lila)

identisch, da sie durch zyklische Vertauschung auseinander hervorgehen (ein Kreis hat weder Anfang noch Ende). Rechts bzw. links neben jeder Kugel liegt jeweils die gleiche Kugel.

Es existieren also nur

$$\frac{5!}{5} = 4!$$

mögliche Anordnungen der 5 verschiedenfarbigen Kugeln in einem Kreis.

Man kann sich auch vorstellen, daß die Plazierung der ersten Kugel ohne Belang ist, da diese nur eine Anfangsmarkierung im Kreis darstellt. Die zweite Kugel hat dann 4 Möglichkeiten (eins rechts, zwei rechts, eins links, zwei links) in bezug auf die erste Kugel; die dritte Kugel dann noch 3 Möglichkeiten ...

insgesamt 4! Möglichkeiten

**allgemein:**

n verschiedene Dinge lassen sich auf

**n!** Arten in einer **Reihe**

und auf

**(n – 1)!** Arten in einem **Kreis**

anordnen.

(2) Die Anzahl der möglichen Anordnungen von n Dingen ist **nur** dann n!, wenn es sich um n **verschiedene** Dinge handelt.

Von den 5 Kugeln seien nun 2 rot und je 1 blau, grün und lila. Mit zwei unterschiedlichen Rottönen ergeben sich

$$5!$$

mögliche Anordnungen. Sind die Rottönc nicht zu unterscheiden, bieten je 2 davon dasselbe Bild. Man erhält also

$$\frac{5!}{2} = \frac{5!}{2!}$$

mögliche Anordnungen.

Sind nun sogar 3 der 5 Kugeln rot und je eine blau und grün, so sind je 3! der vormals 5! Anordnungen gleich. Es ergeben sich lediglich noch

$$\frac{5!}{3!}$$

mögliche Anordnungen.

Nun soll es sich um 3 rote und 2 blaue Kugeln handeln. Die Anzahl der möglichen Anordnungen ergibt sich dann zu

$$\frac{5!}{3!\,2!}$$

**allgemein:**

n Dinge, von denen je $n_1, n_2, ..., n_i$ nicht unterscheidbar sind, lassen sich auf

$$\frac{n!}{n_1!\,n_2!\ldots n_i!} \qquad n_1 + n_2 + ... + n_i = n$$

verschiedene Arten in einer Reihe anordnen.

(3) Das bei (2) behandelte Problem läßt sich auch folgendermaßen lösen: Aus den 5 zur Verfügung stehenden Plätzen sucht man 2 (bzw. 3) für die roten Kugeln aus und verteilt die übrigen Plätze

$$\binom{5}{2}\cdot 3! = \frac{5!}{2!\,3!}\cdot 3! = \frac{5!}{2!} = \frac{5!}{2}$$

$$\binom{5}{3}\cdot 2! = \frac{5!}{3!\,2!}\cdot 2! = \frac{5!}{3!}$$

Handelt es sich um 3 rote und 2 blaue Kugeln, so werden die beiden nach der Platzzuweisung an rot verbleibenden Plätze den beiden blauen Kugeln zugesprochen

$$\binom{5}{3}\cdot\binom{2}{2} = \frac{5!}{3!\,2!}\cdot 1 = \frac{5!}{3!\,2!}$$

**allgemein:**

$$\binom{n}{n_1}\cdot\binom{n-n_1}{n_2}\cdot\binom{n-n_1-n_2}{n_3}\cdot\ldots\cdot\binom{n-n_1-n_2-\ldots-n_{i-1}}{n_i}$$

auch hier muß natürlich wieder gelten:

$$n_1 + n_2 + ... + n_i = n$$

(4) Mitunter liegen zwar n verschiedene Dinge vor (z. B. die 10 numerierten Kugeln), man interessiert sich jedoch nur für die Teilmenge, die eine bestimmte Eigenschaft hat oder nicht hat (z. B. die Kugeln, deren Beschriftung durch 3 teilbar oder Primzahl ist). In solchen Fällen ist es notwendig eine Zerlegung vorzunehmen.

*Beispiel:*
3, 6, 9 und 0, 1, 2, 4, 5, 7, 8
2, 3, 5, 7 und 0, 1, 4, 6, 8, 9

Auch mehrteilige Zerlegungen sind möglich:

*Beispiel:*
3, 6, 9 und 4, 8 und 0, 1, 2, 5, 7,
wenn die Teilbarkeit durch 3 und 4 interessiert.

In jedem Fall ist unbedingt darauf zu achten, daß bei einer solchen Zerlegung kein Element mehrfach auftaucht!

*Beispiel:*
Wenn die Teilbarkeit durch 2 oder 3 interessiert:
6 und 2, 4, 8 und 3, 9 und 0, 1, 5, 7
Das Element 6 sollte dann ganz getrennt geschrieben werden, da es sowohl 2, 4, 8 als auch 3, 9 zugeordnet werden kann.

Die auf Seite 19 aufgelisteten Formeln sind dann für jede in der Zerlegung auftretende Teilmenge anzuwenden.

## Aufgaben

**9.** Vereinfachen Sie

a) $\frac{n!}{(n-1)!}$ b) $\frac{(n+2)!}{n!}$ c) $\frac{(n+1)!}{(n-1)!}$

**10.** Beweisen Sie

a) $\binom{n+1}{k} = \binom{n}{k-1} + \binom{n}{k}$

b) $k \cdot \binom{n}{k} = n \cdot \binom{n-1}{k-1}$

**11.** Wieviele dreistellige Zahlen gibt es, die größer als 599 und durch 5 teilbar sind?

**12.** Wieviele Zahlen zwischen 3 000 und 4 000 besitzen an der Hunderter- und an der Zehnerstelle eine Primzahl?

**13.** In einer Versammlung soll je ein Sprecher der 17 Angestellten, 13 Arbeiter und 9 Lehrlinge vertreten sein. Wieviele Möglichkeiten der Zusammensetzung eines solchen "Sprechertrios" gibt es?

**14.** Von A nach B führen 3 verschiedene Straßen, von B nach C 5 und von C nach D 2. Auf wievielen möglichen Wegen kann man von A über B und C nach D gelangen?

**15.** Wie viele verschiedene dreistellige Zahlen lassen sich aus den Ziffern 1, 3, 5, 7, 9 bilden, wenn jede Ziffer höchstens einmal auftauchen darf und
a) keine weiteren Bedingungen vorliegen,
b) die Zahlen durch 5 teilbar sein sollen,
c) die Zahlen kleiner als 700 sein sollen?

**16.** Wie viele verschiedene dreistellige Zahlen lassen sich aus den Ziffern 1, 3, 5, 7, 9 bilden, wenn jede Ziffer beliebig oft auftauchen darf und
a) keine weiteren Bedingungen vorliegen,
b) die Zahlen durch 5 teilbar sein sollen,
c) die Zahlen kleiner als 700 sein sollen?

**17.** Wie viele verschiedene fünfstellige Zahlen lassen sich aus allen Ziffern bilden, wenn jede Ziffer höchstens einmal auftauchen darf und
a) keine weiteren Bedingungen vorliegen,
b) die Zahlen gerade sein sollen,
c) die Zahlen durch 5 teilbar sein sollen?

**18.** Wie viele verschiedene fünfstellige Zahlen lassen sich aus allen Ziffern bilden, wenn jede Ziffer beliebig oft auftauchen darf und
a) keine weiteren Bedingungen vorliegen,
b) die Zahlen gerade sein sollen,
c) die Zahlen durch 5 teilbar sein sollen?

**19.** Wie viele verschiedene zehnstellige Zahlen lassen sich aus den Ziffern 2, 3, 5, 7 bilden, wenn die 2 einmal, die 3 zweimal, die 5 dreimal und die 7 viermal vorkommen sollen und
a) keine weiteren Bedingungen vorliegen,
b) die Zahlen gerade sein sollen,
c) die Zahlen mit 757 beginnen sollen?

**20.** Durch Umstellen der Buchstaben der folgenden Worte lassen sich neue "Wörter" (sie müssen keinen Sinn ergeben) bilden. Wie viele verschiedene "Wörter" gibt es jeweils (es sind stets alle Buchstaben zu verwenden)?
a) Skat
b) Würfel
c) Lotto
d) Lampenmonopol

**21.** Entsprechend der Aufgabe 20 soll mit dem Wort **Meerenge** verfahren werden. Wie viele verschiedene "Wörter" gibt es, wenn

a) keine weiteren Bedingungen vorliegen,
b) die "Wörter" mit E beginnen und enden sollen,
c) die "Wörter" mit E beginnen und mit N enden sollen,
d) in den "Wörtern" die vier E nebeneinander stehen sollen?

**22.** Aus den Buchstaben des Wortes **Schulzeit** sollen "Wörter" aus vier verschiedenen Buchstaben gebildet werden. Wie viele verschiedene "Wörter" gibt es, wenn
a) keine weiteren Bedingungen vorliegen,
b) die "Wörter" nur Konsonanten enthalten sollen,
c) die "Wörter" mit einem Konsonanten beginnen und enden sollen,
d) die "Wörter" mit einem Vokal beginnen sollen,
e) die "Wörter" das S enthalten sollen,
f) die "Wörter" mit T beginnen und S enthalten sollen,
g) die "Wörter" die drei Vokale enthalten sollen?

**23.** Aus den 26 Buchstaben des Alphabets (21 Konsonanten; 5 Vokalen) sollen "Wörter" aus 5 verschiedenen Buchstaben gebildet werden. Wie viele verschiedene "Wörter" gibt es, wenn
a) keine weiteren Bedingungen vorliegen,
b) die "Wörter" aus 3 Konsonanten und 2 Vokalen gebildet werden sollen,
c) die "Wörter" den Buchstaben B enthalten sollen,
d) die "Wörter" mit A beginnen und mit B enden sollen,
e) die "Wörter" mit A beginnen und B enthalten sollen,
f) die "Wörter" die Buchstaben A und B enthalten sollen,
g) die "Wörter" die Buchstaben A, B und C enthalten sollen?

**24.** Mit einem Würfel werden siebenstellige Zahlen erwürfelt (1. Wurf Millionenstelle, 2. Wurf Hunderttausenderstelle ...). Wie viele verschiedene Zahlen gibt es, wenn
a) keine weiteren Bedingungen vorliegen,
b) die Zahlen gerade sein sollen,
c) die Zahlen mit 6 beginnen und enden sollen,
d) nur genau die Einerstelle mit 6 besetzt sein soll,
e) die 6 in der Zahl genau einmal auftreten soll,
f) die 6 in der Zahl mindestens einmal auftreten soll?

**25.** Ein Würfel und zwei unterscheidbare Münzen werden geworfen. Wie viele verschiedene Versuchsergebnisse gibt es, wenn

a) keine weiteren Bedingungen vorliegen,
b) beide Münzen das gleiche zeigen sollen,
c) der Würfel 1 oder 6 zeigen soll,
d) beide Münzen das gleiche und der Würfel 1 oder 6 zeigen sollen?

**26.** Es werden drei Würfel geworfen.

a) Wie viele verschiedene Ergebnisse gibt es, wenn
   (1) die Würfel verschiedenfarbig sind und gleichzeitig geworfen werden,
   (2) die Würfel nicht unterscheidbar sind, aber hintereinander geworfen werden?
b) Wie viele verschiedene Würfe zeigen bei jeder der beiden Wurfarten drei gleiche Augenzahlen ("Pasch")?
c) Mit wie vielen verschiedenen Würfen kann bei jeder der beiden Wurfarten die Augensumme 4 erzielt werden?

**27.** Ein Würfel wird fünfmal hintereinander geworfen. Wie viele verschiedene Ergebnisse gibt es, wenn

a) keine weiteren Bedingungen vorliegen,
b) jede Augenzahl gerade sein soll,
c) genau dreimal die Augenzahl 6 auftreten soll,
d) genau dreimal dieselbe Augenzahl auftreten soll,
e) genau zweimal Augenzahl 1, genau zweimal Augenzahl 3 und genau einmal Augenzahl 6 auftreten sollen,
f) alle fünf Augenzahlen verschieden sein sollen,
g) mindestens zwei Augenzahlen gleich sein sollen,
h) mindestens die Augensumme 29 erzielt werden soll?

**28.** Zum Würfeln wird ein Tetraeder benutzt, das auf seinen vier Seiten mit 1, 2, 3, 4 beschriftet ist. Als Ergebnis zählt diejenige Augenzahl, die auf der Grundfläche steht. Das Tetraeder wird fünfmal hintereinander geworfen. Wie viele verschiedene Ergebnisse gibt es, wenn

a) keine weiteren Bedingungen vorliegen,
b) fünfmal dieselbe Augenzahl auftreten soll,

c) die erste und die letzte Augenzahl übereinstimmen sollen,
d) die Augenzahl 1 genau einmal auftreten soll,
e) die Augenzahl 1 mindestens einmal auftreten soll,
f) die Augenzahl 1 genau zweimal auftreten soll,
g) die Augenzahl 1 höchstens zweimal auftreten soll?

**29.** Aus einem Spiel mit 32 Karten werden gleichzeitig 3 Karten gezogen. Wie viele verschiedene Ergebnisse sind möglich, wenn
a) keine weiteren Bedingungen vorliegen,
b) drei Buben gezogen werden sollen,
c) kein Bube gezogen werden soll,
d) höchstens ein Bube gezogen werden soll,
e) nur Herz gezogen werden soll,
f) mindestens zwei Herz gezogen werden sollen,
g) weder Herz noch Bube gezogen werden soll,
h) entweder drei Herz oder drei Buben gezogen werden sollen,
i) drei Karten gleicher Farbe gezogen werden sollen,
k) drei Karten unterschiedlicher Farbe gezogen werden sollen,
l) drei Karten desselben Werts gezogen werden sollen?

**30.** Entsprechend Aufgabe 29, jedoch erfolgt das Ziehen hintereinander ohne Zurückstecken.

**31.** Entsprechend Aufgabe 29, jedoch erfolgt das Ziehen hintereinander mit Zurückstecken.

**32.** Beim Skat erhält jeder der 3 Spieler 10 Karten. Die beiden restlichen Karten bilden den "Skat".
a) Auf wie viele Arten können die Karten an die Spieler verteilt werden?
b) Auf wie viele Arten kann der "Skat" bestückt werden?
c) Wie viele "Blatt" (Zusammenstellung der 10 Karten) kann ein bestimmter Spieler erhalten?

**33.** Auf wie viele Arten kann der "Skat" bestückt werden, wenn
a) keine weiteren Bedingungen vorliegen,
b) beide Karten dieselbe Farbe haben sollen,
c) beide Karten Buben sein sollen,

d) der Skat einen Buben und ein As enthalten soll,
e) der Skat den Kreuzbuben und ein As enthalten soll,
f) der Skat den Kreuzbuben und ein Herz enthalten soll?

**34.** Auf wie viele Arten kann das "Blatt" eines bestimmten Spielers bestückt werden, wenn
a) keine weiteren Bedingungen vorliegen,
b) alle Buben enthalten sein sollen,
c) kein Bube und kein As enthalten sein sollen,
d) mindestens 3 Buben enthalten sein sollen,
e) alle Herzkarten enthalten sein sollen,
f) alle Karten einer Farbe enthalten sein sollen,
g) drei Buben und alle Karten einer Farbe außer dem Buben dieser Farbe enthalten sein sollen?

**35.** Eine Münze wird 12mal geworfen. Wie viele verschiedene Ergebnisse sind möglich, wenn
a) keine weiteren Bedingungen vorliegen,
b) erster und letzter Wurf "Zahl" sein sollen,
c) erster und letzter Wurf gleich sein sollen,
d) die ersten drei Würfe gleich sein sollen,
e) die ersten drei Würfe "Zahl" sein sollen,
f) genau dreimal "Zahl" erscheinen soll,
g) höchstens dreimal "Zahl" erscheinen soll,
h) genau zehnmal "Zahl" erscheinen soll,
i) mindestens zehnmal "Zahl" erscheinen soll?

**36.** Wie oft muß eine Münze mindestens geworfen werden, wenn der Ergebnisraum $\Omega$ mindestens 60 Elemente umfassen soll?

**37.** Eine Familie hat 5 Kinder. Wie viele verschiedene "Geschlechterverteilungen" sind möglich, wenn
a) keine weiteren Bedingungen vorliegen,
b) das erste und letzte Kind Söhne sein sollen,
c) das erste und letzte Kind das gleiche Geschlecht haben sollen,
d) die ersten zwei Kinder Söhne sein sollen,
e) nur die ersten zwei Kinder Söhne sein sollen,

f) genau zwei Kinder Söhne sein sollen,
g) mindestens zwei Kinder Söhne sein sollen,
h) höchstens zwei Kinder Söhne sein sollen?

**38.** Eine Familie hat die Söhne Anton, Bernhard und Christian und die Töchter Daniela und Eva. Sie sind abwechselnd dazu verpflichtet, den "Familienhund" für einen Tag zu betreuen. Wie viele verschiedene "Betreuerlisten", in denen jedes Kind genau einmal vorkommt, sind möglich, wenn
a) keine weiteren Bedingungen vorliegen,
b) am ersten und letzten Tag ein Sohn dran ist,
c) an den ersten beiden Tagen Söhne dran sind,
d) an den ersten beiden Tagen Töchter dran sind,
e) abwechselnd ein Sohn und eine Tochter dran ist?

**39.** In der Familie aus Aufgabe 38 wird jeden Tag aus allen fünf Kindern ausgelost, wer "Hundetag" hat. Wie viele verschiedene "Betreuerlisten" sind innerhalb einer Woche möglich, wenn
a) keine weiteren Bedingungen vorliegen,
b) Daniela das Glück hat, nie dran zu kommen,
c) nur die Söhne drankommen,
d) Anton nur am ersten und zweiten Tag drankommt,
e) den Pechvogel Bernhard das Los viermal in einer Woche trifft,
f) die Töchter nur je einmal und zwar an zwei aufeinanderfolgenden Tagen drankommen?

**40.** Zu einem Treffen kommen 6 Ehepaare. Auf wie viele verschiedene Arten können sie sich hintereinander aufstellen, wenn
a) keine weiteren Bedingungen vorliegen,
b) alle Männer und alle Frauen zusammenstehen sollen,
c) die Aufstellung in "bunter Reihe" erfolgen soll,
d) am Anfang und Ende ein Mann stehen soll,
e) am Anfang drei Männer stehen sollen,
f) alle Frauen zusammenstehen sollen?

**41.** Die 6 Ehepaare aus Aufgabe 40 treffen sich jetzt auf einem Faschingsfest. Allerdings waren sie in ihrer Kostümauswahl nicht gerade sehr erfindungsreich: 4 Cowboys, 3 Indianer und 5 Clowns. Für ein Spiel stellen sie sich im Kreis auf. Wie viele verschiedene Möglichkeiten gibt es dazu, wenn

a) keine weiteren Bedingungen vorliegen,
b) die Aufstellung in "bunter Reihe" erfolgen soll,
c) alle Gleichkostümierten nebeneinander stehen sollen?

**42.** In einer Klasse mit 32 Schülern (18 Buben und 14 Mädchen) wird nacheinander der 1. und 2. Klassensprecher gewählt. Wie viele verschiedene Wahlausgänge sind möglich, wenn
a) keine weiteren Bedingungen vorliegen,
b) der 1. Klassensprecher ein Mädchen sein soll,
c) genau ein Klassensprecher ein Mädchen sein soll,
d) bei Wahl eines bestimmten Buben zum 1. Klassensprecher kein Mädchen mehr für den Posten des 2. Klassensprechers zur Verfügung steht?

**43.** Am Montagmorgen trudeln die 23 Teilnehmer (14 Buben und 9 Mädchen) eines Grundkurses nur einzeln im Kursraum ein. Wie viele verschiedene Möglichkeiten des Eintreffens gibt es, wenn
a) keine weiteren Bedingungen vorliegen,
b) ein bestimmter Bub immer als erster erscheint,
c) als zweiter und dritter Kursteilnehmer ein Mädchen erscheint?

**44.** In einer Urne befinden sich 20 durchnumerierte Kugeln, von denen 10 rot, 7 schwarz und 3 weiß sind. Es werden nacheinander ohne Zurücklegen 4 Kugeln gezogen. Wie viele verschiedene Ergebnisse sind möglich, wenn
a) keine weiteren Bedingungen vorliegen,
b) alle Kugeln rot sein sollen,
c) alle Kugeln dieselbe Farbe haben sollen,
d) die erste Kugel rot sein soll,
e) nur die erste Kugel rot sein soll,
f) genau eine Kugel rot sein soll,
g) höchstens eine Kugel rot sein soll,
h) mindestens eine Kugel rot sein soll,
i) genau drei Kugeln nicht rot sein sollen,
k) höchstens drei Kugeln nicht rot sein sollen?

**45.** Entsprechend Aufgabe 44, jedoch bei gleichzeitigem Ziehen.

**46.** Entsprechend Aufgabe 44, jedoch mit Zurücklegen.

**47.** In einer Urne befinden sich 5 durchnumerierte Kugeln, von denen 1 weiß und 4 rot sind. Es werden nacheinander mit Zurücklegen 10 Kugeln gezogen. Wie viele verschiedene Ergebnisse sind möglich, wenn
a) keine weiteren Bedingungen vorliegen,
b) genau 2 Kugeln rot sein sollen,
c) höchstens 2 Kugeln rot sein sollen,
d) mindestens 2 Kugeln rot sein sollen,
e) nur die erste Kugel rot sein soll,
f) nur die letzten drei Kugeln rot sein sollen?

**48.** Herr Jubel hat zu seinem Geburtstag 5 Gäste eingeladen. Im Verlauf des Festes nennen die Gäste dem Alter nach ihren Geburtsmonat. Wie viele verschiedene Ergebnisse sind möglich, wenn,
a) keine weiteren Bedingungen vorliegen,
b) die beiden ältesten Gäste im selben Monat geboren sind,
c) alle Gäste in verschiedenen Monaten geboren sind?

**49.** Frau Jubel feiert ihren Geburtstag zusammen mit 7 Freundinnen. Beim Eintreffen schreibt jede ihren Geburtstag in eine Liste (29. Februar soll nicht dabei sein). Wie viele verschiedene Ergebnisse sind möglich, wenn
a) keine weiteren Bedingungen vorliegen,
b) nur (!) die als zweite und letzte eintreffende Freundin den gleichen Geburtstag wie Frau Jubel haben,
c) die als erste und dritte eintreffende Freundin zwar am gleichen Tag Geburtstag haben, dieser aber nicht mit Frau Jubels Geburtstag zusammenfällt?

**50.** Auf einem Totozettel sind 11 Fußballspiele aufgeführt. Man tippt bei jedem Spiel auf die Siegermannschaft (1 oder 2) bzw. auf ein Unentschieden (0). Auf wie viele verschiedene Arten kann ein Totozettel ausgefüllt werden?

**51.** Herr Glück hört die Ergebnisse der Spiele (und damit die Tototreffer) im Radio und vergleicht mit dem vom ihm ausgefüllten Totozettel. Auf wie viele verschiedene Arten konnte er ihn ausfüllen, wenn er
a) nur die ersten fünf richtig getippt hat,
b) genau fünf richtig getippt hat,
c) nur das letzte Spiel falsch getippt hat,

d) nur genau ein Spiel falsch getippt hat,
e) mindestens ein Spiel falsch getippt hat,
f) höchstens ein Spiel richtig getippt hat?

**52.** Auf einem Lottoschein sind die Zahlen von 1 bis 49 aufgeführt. Man muß sechs dieser Zahlen ankreuzen und hoffen, daß sie gezogen werden. Auf wie viele verschiedene Arten kann man einen Lottoschein ausfüllen?

**53.** Frau Glück schaut sich am Samstagabend die Ziehung der Lottozahlen im Fernsehen an und vergleicht mit ihrem Lottoschein. Auf wie viele verschiedene Arten konnte sie ihn ausfüllen, wenn sie
a) nur eine richtige Zahl hat,
b) genau vier richtige hat,
c) mindestens vier richtige hat,
d) mehr als vier richtige hat,
e) alle sechs richtig hat?

Die Zusatzzahl soll stets unberücksichtigt bleiben!

**54.** Das Ehepaar Freundlich hat 15 gute Bekannte (9 Männer und 6 Frauen) und möchte fünf davon einladen. Auf wie viele verschiedene Arten ist das möglich, wenn
a) keine weiteren Bedingungen vorliegen,
b) nur Männer geladen werden sollen,
c) genau zwei Frauen geladen werden sollen,
d) höchstens zwei Frauen geladen werden sollen,
e) ein befreundetes Paar, wenn, dann nur zusammen, geladen werden soll,
f) zwei der Männer auf keinen Fall zusammen geladen werden sollen?

**55.** Ein siebenköpfiger Ausschuß soll gemäß dem Mehrheitsverhältnis mit 3 Abgeordneten der CSP, 2 Abgeordneten der FSU und 2 Abgeordneten der DSU besetzt werden. Es kommen dafür 17 Abgeordnete der CSP, 15 der FSU und 18 der DSU in Betracht. Wie viele verschiedene Besetzungen des Ausschusses sind möglich, wenn
a) keine weiteren Bedingungen vorliegen,
b) eine fünfköpfige Gruppe der FSU auf einen Sitz im Ausschuß verzichtet,
c) ein bestimmter Abgeordneter der CSP dem Ausschuß auf jeden Fall angehören soll,

d) zwei Abgeordnete der DSU dem Ausschuß, wenn, dann nur gemeinsam, angehören wollen,
e) ein bestimmter Abgeordneter der CSP auf keinen Fall im Ausschuß auf einen bestimmten Abgeordneten der FSU treffen soll?

**56.** Aus den 17 Abgeordneten der CSP, den 15 der FSU und den 18 der DSU soll außerdem noch ein fünfköpfiger Ausschuß gebildet werden, bei dem es keine vorher festgelegten Platzverteilungen gibt (d. h. er kann auch mit Abgeordneten nur einer Partei besetzt werden). Wie viele verschiedene Besetzungen des Ausschusses sind möglich, wenn
a) keine weiteren Bedingungen vorliegen,
b) genau zwei Abgeordnete der CSP im Ausschuß sein sollen,
c) kein Abgeordneter der FSU im Ausschuß sein soll,
d) die DSU lediglich mit zwei bestimmten Abgeordneten im Ausschuß vertreten sein soll?

**57.** Ein Professor gibt vor einer Prüfung einen Fragenkatalog mit 50 Fragen heraus, von denen dann 5 dem Prüfling vorgelegt werden. Der Student Halbwegs bereitet sich auf 25 der Fragen vor. Auf wie viele verschiedene Arten können ihm die Fragen vorgelegt werden, wenn
a) keine weiteren Bedingungen vorliegen,
b) sich darunter genau zwei vorbereitete Fragen befinden sollen,
c) sich darunter höchstens zwei vorbereitete Fragen befinden sollen,
d) sich darunter mindestens zwei vorbereitete Fragen befinden sollen?

**58.** Bei einer Prüfung werden dem Prüfling 20 Aufgaben vorgelegt, von denen er 10 bearbeiten muß. Auf wie viele verschiedene Arten kann er seine Auswahl treffen, wenn
a) keine weiteren Bedingungen vorliegen,
b) er die ersten drei Aufgaben bearbeiten muß,
c) er mindestens zwei der ersten drei Aufgaben bearbeiten muß,
d) er sowohl aus der ersten (1 – 10) als auch aus der zweiten (11 – 20) Hälfte der Aufgaben je mindestens vier bearbeiten muß?

**59.** Bei einer Prüfung mit 15 Fragen sind zu jeder Frage vier Antworten gegeben, von denen nur jeweils eine richtig ist. Der Kollegiat Hoffnung hat leider keine Zeit gehabt sich vorzubereiten und kreuzt daher willkürlich je eine

Antwort an. Wie viele verschiedene Möglichkeiten des "Kreuzmusters" hat er, wenn

a) keine weiteren Bedingungen vorliegen,
b) er die beiden ersten Fragen doch richtig beantworten kann,
c) er genau eine der beiden ersten Fragen doch richtig beantworten kann,
d) er genau drei der ersten fünf Fragen doch richtig beantworten kann?

**60.** Aus einem Karton mit 50 Glühbirnen, von denen 7 defekt sind, werden 5 Glühbirnen gleichzeitig entnommen und geprüft (Stichprobe). Auf wie viele verschiedene Arten ist diese Entnahme möglich, wenn

a) keine weiteren Bedingungen vorliegen,
b) in der Stichprobe genau eine defekte Glühbirne ist,
c) in der Stichprobe höchstens eine defekte Glühbirne ist,
d) in der Stichprobe mindestens eine defekte Glühbirne ist?

**61.** Entsprechend Aufgabe 60, jedoch bei einer Entnahme hintereinander mit Zurücklegen.

**62.** Entsprechend Aufgabe 60, jedoch bei einer Entnahme hintereinander ohne Zurücklegen.

# 4. Relative Häufigkeit

Wird ein Zufallsexperiment (z. B. Werfen eines Würfels) 30 mal (n-mal) hintereinander ausgeführt und tritt dabei ein bestimmtes Ergebnis $\omega$: (z. B. ⚃) genau 7 mal (k-mal) auf, so hat dieses Ergebnis die **"absolute Häufigkeit"** 7 und die **"relative Häufigkeit"** (also die Häufigkeit in bezug auf die Anzahl der vorgenommenen Experimente)

$$h(⚃) = \frac{7}{30}$$

**allgemein:**

$$\boxed{\mathbf{h(\omega_i) = \frac{k}{n}}}$$

Man gibt die relative Häufigkeit meist in % an. Also

$$h(⚃) = \frac{7}{30} = 0{,}233 = 23{,}3\ \%$$

Prozentumrechnung durch Kommaverschiebung!

Aufgrund der Definition der relativen Häufigkeit ergeben sich folgende Eigenschaften

(1) $\mathbf{0 \leq h(\omega_i) \leq 1}$

(2) $$\mathbf{h(E) = \sum_{\omega_i \in E} h(\omega_i)}$$

*Beispiel:*
E = {2; 4; 6} beim Werfen eines Würfels
also: h(E) = h(2) + h(4) + h(6)

(3) $\mathbf{h(\varnothing) = 0}$

Das unmögliche Ereignis wird bei n Experimenten sicher nie auftreten.

(4) $\mathbf{h(\Omega) = 1}$

Das sichere Ereignis wird in allen n Experimenten eintreten.

(5) $\mathbf{h(\overline{E}) = 1 - h(E)}$

Tritt E bei n Experimenten k-mal ein, so tritt $\overline{E}$ (n – k)-mal ein; $\overline{E}$ besitzt also die relative Häufigkeit $\frac{n-k}{n} = 1 - \frac{k}{n}$

(6) $\mathbf{h\,(E_1 \cup E_2) = h\,(E_1) + h\,(E_2) - h\,(E_1 \cap E_2)}$

*Beispiel:*

$E_1 = \{2; 4; 6\}$; $E_2 = \{2; 3; 5\}$ beim Werfen eines Würfels

$E_1 \cup E_2 = \{2; 3; 4; 5; 6\}$

$E_1 \cap E_2 = \{2\}$

$$\begin{aligned} h\,(E_1 \cup E_2) &= h(2) + h(3) + h(4) + h(5) + h(6) \\ &= h(2) + h(4) + h(6) + \mathbf{h(2)} + h(3) + h(5) - \mathbf{h(2)} \\ &= h(E_1) + h(E_2) - h(E_1 \cap E_2) \end{aligned}$$

Die relative Häufigkeit der Elemente der Schnittmenge muß einmal subtrahiert werden, da ihre relative Häufigkeit sonst zweimal einberechnet würde.

Sowohl absolute wie auch relative Häufigkeiten lassen sich graphisch darstellen. Dabei werden im allgemeinen folgende Verfahren verwendet:

*Beispiel:*
Bei einer Wahl werden 200 gültige Stimmen abgegeben. 80 Stimmen entfallen auf Kandidat A, 60 auf B, 50 auf C, 10 auf D.

a) Kreis- bzw. Halbkreisdiagramm

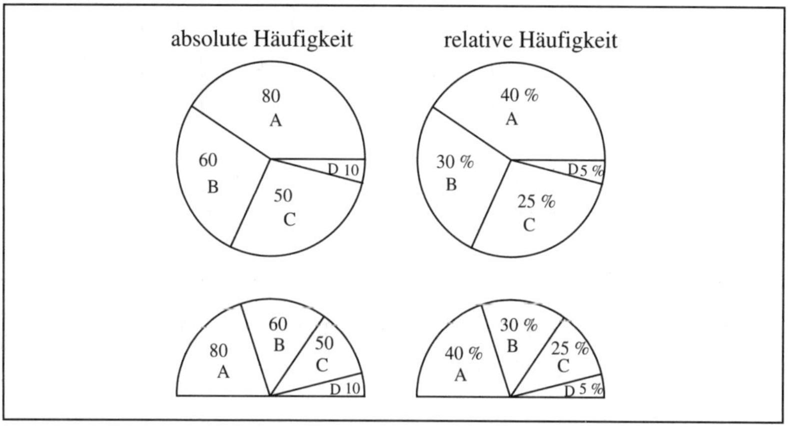


b) Stabdiagramm

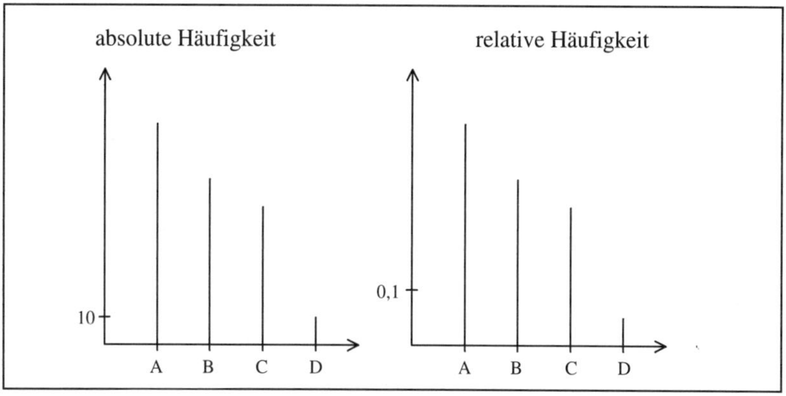


Beim Stabdiagramm ist die Länge der "Stäbe" das Maß der Häufigkeit für die einzelnen Ergebnisse. Die Gesamtlänge muß 1 betragen.

c) Balkendiagramm/Histogramm

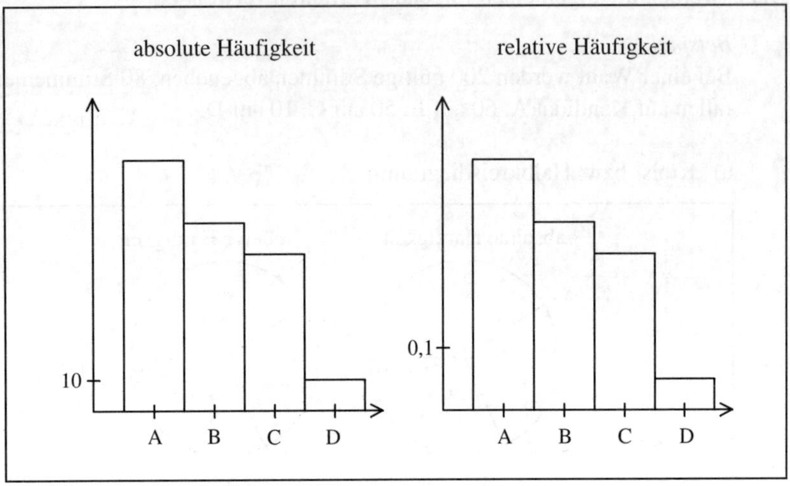


Beim Histogramm ist die Fläche des "Balkens" das Maß der Häufigkeit für die einzelnen Ergebnisse. Die Gesamtfläche muß 1 betragen.

## Aufgaben

**63.** Im Fernsehprogramm einer Woche finden sich 30 Kinder- und Jugendsendungen, 12 Spielfilme, 11 Sportsendungen, 7 Krimi- und Horrorfilme, 6 Magazine und 4 Krimiserien. Berechnen Sie die relative Häufigkeit
a) der Kinder- und Jugendsendungen,
b) der Filme,
c) der Krimis.
d) Zeichnen Sie ein Stabdiagramm der relativen Häufigkeit.

**64.** Auf einem Kinderfaschingsball findet man 40 Cowboys, 27 Indianer, 25 Clowns, 21 Prinzessinnen, 19 Katzen, 18 Piraten, 17 Hasen, 14 Chinesen, 10 Mäuse und 9 Köche. Berechnen Sie die relative Häufigkeit
a) der Clowns,
b) der Tiere,
c) der Vertreter von „Völkern“.

**65.** Beim 200-maligen Würfeln ergaben sich folgende Augenzahlen:
1 37-mal,
2 34-mal,
3 29-mal,
4 32-mal,
5 33-mal,
6 35-mal.

Berechnen Sie die relative Häufigkeit
a) der Augenzahl 3,
b) der Augenzahl 5,
c) einer geraden Augenzahl,
d) einer primen Augenzahl,
e) einer geraden oder primen Augenzahl.
f) Zeichnen Sie ein Histogramm der relativen Häufigkeit.

# 5. Wahrscheinlichkeit

Der Übergang der relativen Häufigkeit eines Ereignisses zur **"Wahrscheinlichkeit"** eines Ereignisses ist anschaulich nicht schwer; man betrachtet eben "unendlich viele" Zufallsexperimente.
Diese Grenzwertbildung für $n \to \infty$ ist jedoch mathematisch nicht machbar, da sich die relative Häufigkeit ihrem "Grenzwert" nicht beständig annähert, sondern sich lediglich um einen Wert "stabilisiert", wenn die Anzahl der Experimente ständig erhöht wird.

**Erläuterung**
Hat man nach 12 000 Würfen mit einem Würfel die – von uns erwartete – "Idealverteilung", so daß jede Augenzahl genau 2 000-mal erschienen ist und somit die relative Häufigkeit $\frac{1}{6}$ besitzt, so ändert der 12 001. Wurf diese "Idealverteilung" – wenn auch nur geringfügig – so, daß die zuletzt geworfene Augenzahl eine größere relative Häufigkeit besitzt als die fünf anderen.
Dennoch wird natürlich eine Stabilisierung um den Wert $\frac{1}{6}$ für jede Augenzahl eintreten, sofern es sich um einen "idealen Würfel" (siehe Laplace-Wahrscheinlichkeit) handelt.

Um der Mathematik Genüge zu leisten, übernimmt man einige Eigenschaften der relativen Häufigkeit und definiert dann das **Axiomensystem von Kolmogorow**:

> Die Funktion P, die jedem Ereignis E aus $\Omega$ eine reelle Zahl zuordnet, heißt "**Wahrscheinlichkeit**" oder "**Wahrscheinlichkeitsmaß**" oder "**Wahrscheinlichkeitsverteilung**", wenn gilt:
>
> (I) $P(E) \geq 0$
>
> (II) $P(\Omega) = 1$
>
> (III) $P(E_1 \cup E_2) = P(E_1) + P(E_2)$, wenn $E_1 \cap E_2 = \varnothing$

Aus diesen Axiomen lassen sich für P Folgerungen ableiten, die den Eigenschaften der relativen Häufigkeit entsprechen:

(1) $P(\overline{E}) = 1 - P(E)$

(2) $P(\varnothing) = 0$

(3) $P(E_1) \leq P(E_2)$, wenn $E_1 \leq E_2$

(4) $0 \leq P(E) \leq 1$

(5) $P(E) = \sum_{w_i \in E} P(\{\omega_i\})$

(6) $P(E_1 \cup E_2) = P(E_1) + P(E_2) - P(E_1 \cap E_2)$

Ebenso wie die relativen Häufigkeiten werden auch Wahrscheinlichkeitsverteilungen graphisch dargestellt:

*Beispiel:*

Es ist $\Omega = \{\omega_1, \omega_2, \omega_3, \omega_4, \omega_5\}$ mit

| $\omega_i$ | $\omega_1$ | $\omega_2$ | $\omega_3$ | $\omega_4$ | $\omega_5$ |
|---|---|---|---|---|---|
| $P(\omega_i)$ | 0,5 | 0,1 | 0,2 | 0,1 | 0,1 |

Halbkreisdiagramm

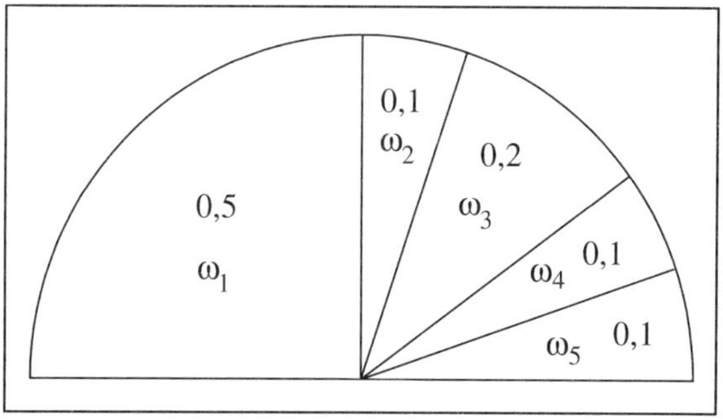


Stabdiagramm

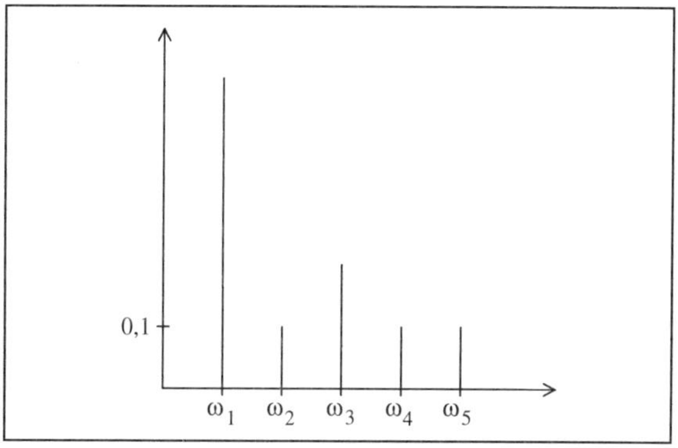


Histogramm

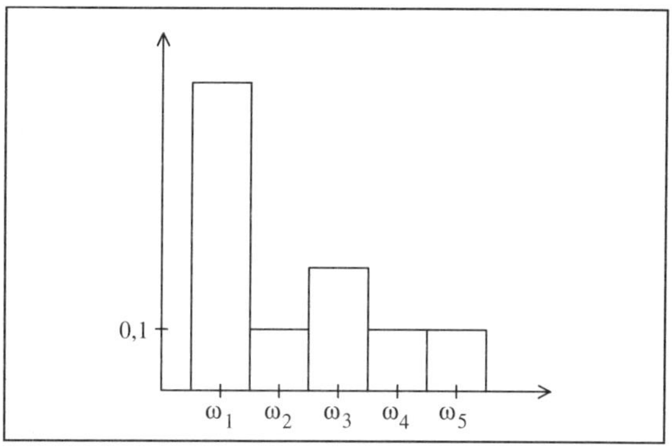

## Aufgaben

**66.** Überprüfen Sie, ob es sich in den folgenden Fällen um Wahrscheinlichkeitsverteilungen handelt:

a) $\Omega = \{\omega_1; \omega_2; \omega_3\}$ $\quad P(\omega_1) = 0{,}4 \quad P(\omega_2) = -0{,}2 \quad P(\omega_3) = \frac{4}{5}$

b) $\Omega = \{\omega_1; \omega_2; \omega_3\}$ $\quad P(\omega_1) = \frac{1}{3} \quad P(\omega_2) = \frac{2}{5} \quad P(\omega_3) = \frac{3}{7}$

c) $\Omega = \{\omega_1; \omega_2; \omega_3\}$ $\quad P(\omega_1) = \frac{2}{3} \quad P(\omega_2) = \frac{1}{4} \quad P(\omega_3) = \frac{1}{12}$

**67.** Es ist $\Omega = \{\omega_1; \omega_2; \omega_3; \omega_4\}$ und $P(\{\omega_1; \omega_2\}) = 0{,}4$; $P(\{\omega_2; \omega_4;\}) = 0{,}4$; $P(\{\omega_2; \omega_3; \omega_4\}) = 0{,}9$

Berechnen Sie die Wahrscheinlichkeiten der einzelnen Ergebnisse und zeichnen Sie ein Histogramm!

**68.** A und B sind zwei Ereignisse eines Zufallsexperiments, für die gilt:

$P(A \cup B) = \frac{3}{4} \qquad P(\overline{B}) = \frac{1}{3} \qquad P(A \cap B) = \frac{1}{12}$

Berechnen Sie:

a) $P(B)$
b) $P(A)$
c) $P(\overline{A} \cap B)$
d) $P(A \setminus B)$

**69.** A und B sind zwei Ereignisse eines Zufallsexperiments, für die gilt:

$P(A) = \frac{3}{8} \qquad P(A \setminus B) = \frac{1}{4} \qquad P(A \cup B) = \frac{3}{4}$

Berechnen Sie:

a) P("sowohl A als auch B")
b) P("B, aber nicht A")
c) P("entweder A oder B")
d) P("weder A noch B")

**70.** Anton, Bernhard, Christian und Dieter bestreiten die Endrunde eines Schwimmwettkampfs. Die Siegeschancen von Anton und Christian sind gleich groß, und zwar doppelt so hoch wie die von Bernhard und dreimal so hoch wie die von Dieter. Berechnen Sie die einzelnen Gewinnwahrscheinlichkeiten!

**71.** Anton, Bernhard, Carola, Daniela und Eva nehmen an einem Geschicklichkeitswettbewerb teil. Die Chancen der Buben und Mädchen sind jeweils gleich groß; die Chancen eines Mädchens doppelt so hoch wie die von einem Jungen. Wie groß ist die Wahrscheinlichkeit, daß

a) ein Mädchen gewinnt,
b) ein Bub gewinnt,
c) Carola gewinnt,
d) Bernhard gewinnt.
e) Zeichnen Sie ein Stabdiagramm.

**72.** Ein Würfel ist so beschwert, daß die Wahrscheinlichkeit für jede Augenzahl proportional zu dieser ist.

a) Berechnen Sie die Wahrscheinlichkeit jeder Augenzahl.
b) Mit welcher Wahrscheinlichkeit ist die Augenzahl gerade?
c) Mit welcher Wahrscheinlichkeit ist die Augenzahl prim?
d) Mit welcher Wahrscheinlichkeit ist die Augenzahl gerade oder prim?

# 6. Wahrscheinlichkeiten zusammengesetzter Experimente

Im Kapitel "Ergebnisraum" hat sich gezeigt, daß jedes Ergebnis eines zusammengesetzten Experiments als n-Tupel (n ist die Anzahl der Teilexperimente) geschrieben wird.

*Beispiel:*

Ein Zufallsexperiment bestehe aus den 3 Teilexperimenten:
Ziehen einer Kugel aus Urne 1, 2 und 3. Es ist bekannt, daß bei den einzelnen Urnen folgende Wahrscheinlichkeiten für das Ziehen einer Farbe vorliegen

| | | | |
|---|---|---|---|
| Urne 1: | $P_1$(rot) = 0,6 | $P_1$(weiß) = 0,4 | |
| Urne 2: | $P_2$(rot) = 0,5 | $P_2$(blau) = 0,5 | |
| Urne 3: | $P_3$(rot) = 0,4 | $P_3$(blau) = 0,3 | $P_3$(weiß) = 0,3 |

Das zu diesem Experiment gehörige Baumdiagramm wird nun noch durch die Angabe der Wahrscheinlichkeiten ergänzt.

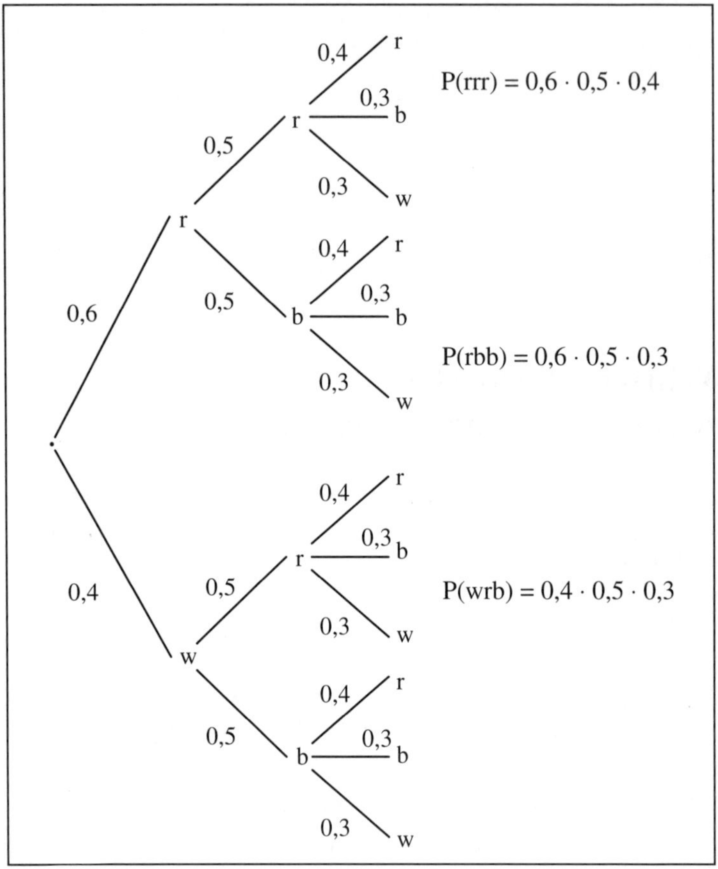


**VORSICHT** Beim Aufstellen des Baumdiagramms darauf achten, daß die Summe der Wahrscheinlichkeiten, die von einem Verzweigungspunkt ausgehen, **stets 1 ist!**

Die Wahrscheinlichkeit eines Ergebnisses eines zusammengesetzten Experiments (also die Wahrscheinlichkeit eines n-Tupels) ist gleich dem **Produkt der Wahrscheinlichkeiten**, die bei den Einzelexperimenten gültig sind.

*Beispiel:*

$P(rrr) = P_1(r) \cdot P_2(r) \cdot P_3(r) = 0{,}6 \cdot 0{,}5 \cdot 0{,}4 = 0{,}12 = 12\ \%$

$P(rbb) = P_1(r) \cdot P_2(b) \cdot P_3(b) = 0{,}6 \cdot 0{,}5 \cdot 0{,}3 = 0{,}09 = 9\ \%$

$P(wrb) = P_1(w) \cdot P_2(r) \cdot P_3(b) = 0{,}4 \cdot 0{,}5 \cdot 0{,}3 = 0{,}06 = 6\ \%$

**allgemein:**

$$\mathbf{P(n_1 n_2 \ldots n_k) = P_1(n_1) \cdot P_2(n_2) \cdot \ldots \cdot P_k(n_k)}$$

Im Baumdiagramm müssen also jeweils die "durchlaufenen Wegwahrscheinlichkeiten" multipliziert werden.

Die **Wahrscheinlichkeit eines Ereignisses** eines zusammengesetzten Zufallsexperiments ergibt sich wieder aus der **Summe der Wahrscheinlichkeiten der in diesem Ereignis enthaltenen Ergebnisse**.

*Beispiel:*

E: "drei verschiedenfarbige Kugeln"

$E = \{rbw;\ wrb;\ wbr\}$

$P(E) = P(rbw) + P(wrb) + P(wbr)$

$= 0{,}6 \cdot 0{,}5 \cdot 0{,}3 + 0{,}4 \cdot 0{,}5 \cdot 0{,}3 + 0{,}4 \cdot 0{,}5 \cdot 0{,}4$

$= 0{,}23 = 23\ \%$

*Beispiel:*

E: "genau eine rote Kugel"

$E = \{r\bar{r}\bar{r};\ \bar{r}r\bar{r};\ \bar{r}\bar{r}r\}$

$P(E) = 0{,}6 \cdot 0{,}5 \cdot 0{,}6 + 0{,}4 \cdot 0{,}5 \cdot 0{,}6 + 0{,}4 \cdot 0{,}5 \cdot 0{,}4$

$= 0{,}38 = 38\ \%$

VORSICHT

Genau darauf achten, daß jeder Summand aus den geforderten n Faktoren besteht!

## Aufgaben

**73.** Aus den Urnen 1, 2, 3 wird nacheinander je eine Kugel gezogen. Für die Urnen gilt:

| | | | |
|---|---|---|---|
| 1: | P(rot) = 0,2 | P(weiß) = 0,3 | P(schwarz) = 0,5 |
| 2: | P(rot) = 0,5 | P(weiß) = 0,1 | P(schwarz) = 0,4 |
| 3: | P(rot) = 0,3 | P(weiß) = 0,4 | P(schwarz) = 0,3 |

Mit welcher Wahrscheinlichkeit werden

a) drei rote Kugeln gezogen,
b) drei gleichfarbige Kugeln gezogen,
c) genau eine rote Kugel gezogen,
d) höchstens eine rote Kugel gezogen,
e) mindestens eine rote Kugel gezogen,
f) nur aus Urne 1 eine rote Kugel gezogen.

**74.** Herr Wassolls ist leidenschaftlicher Spieler und betätigt daher alle vier nebeneinander hängenden Spielautomaten, d. h. er wirft bei jedem "Durchgang" der Reihe nach in jeden Automaten die erforderliche Summe ein. Die Gewinnwahrscheinlichkeiten der einzelnen Automaten betragen

1: 0,1 2: 0,3 3: 0,1 4: 0,2

Mit welcher Wahrscheinlichkeit erzielt er bei einem "Durchgang"

a) keinen Gewinn,
b) genau einen Gewinn,
c) höchstens einen Gewinn,
d) mindestens einen Gewinn,
e) höchstens drei Gewinne,
f) nur an den beiden ersten Automaten einen Gewinn,
g) am ersten Automaten einen Gewinn?

# 7. Laplace-Wahrscheinlichkeit

Bisher ist es nur möglich mit vorgegebenen Wahrscheinlichkeiten zu rechnen, nicht jedoch aus der Beschreibung eines Experiments die Wahrscheinlichkeiten der möglichen Ereignisse zu bestimmen. Dies geht nur, wenn folgende Forderung erfüllt ist:

**Laplace-Annahme:** Jedes Ergebnis aus $\Omega$ besitzt dieselbe Wahrscheinlichkeit. Man spricht dann von einen Laplace-Experiment.

*Beispiele:*

Jede Seite einer Münze erscheint beim Werfen mit einer Wahrscheinlichkeit von $p = \frac{1}{2}$ **Laplace-Münze** (also nicht gezinkt).

Jede Augenzahl erscheint beim Würfeln mit einer Wahrscheinlichkeit von $p = \frac{1}{6}$ **Laplace-Würfel** (also nicht gezinkt).

Jede Karte eines Skatspiels wird mit der Wahrscheinlichkeit $p = \frac{1}{32}$ gezogen **Laplace-Karten** (also nicht gezinkt).

Bei einem **Laplace-Experiment** gilt:
Besteht $\Omega$ aus n Ergebnissen, also $|\Omega| = n$, so besitzt jedes Ergebnis $\omega_i \in \Omega$ die Wahrscheinlichkeit

$$P(\{\omega_i\}) = \frac{1}{n} = \frac{1}{|\Omega|}$$

Bei der graphischen Darstellung der Wahrscheinlichkeitsverteilung eines Laplace-Experiments erhält man n gleich große Kreissektoren bzw. n gleich lange Stäbe bzw. n gleich große Balken (Beispiel für n = 5)

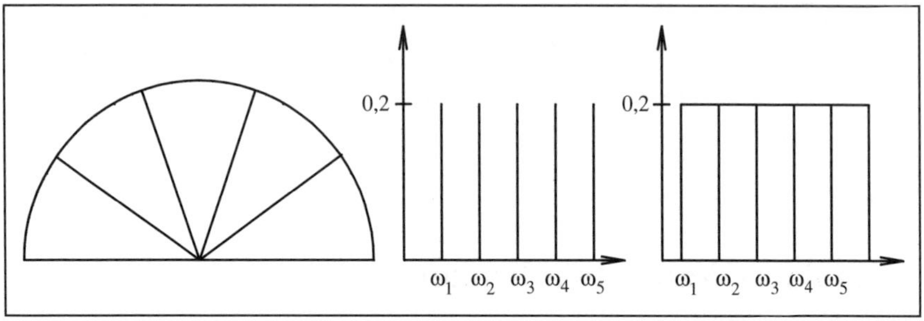


Ist E ein Ereignis desselben Experiments, das aus k Ergebnissen besteht, also $|E| = k$, so besitzt E die Wahrscheinlichkeit

$$P(E) = \underbrace{\frac{1}{n} + \frac{1}{n} + .. + \frac{1}{n}}_{k \text{ Summanden}} = \frac{k}{n} = \frac{|E|}{|\Omega|}$$

Um die Wahrscheinlichkeit eines Ereignisses E zu bestimmen, benötigt man also nur die Mächtigkeiten des Ergebnisraums Ω und des Ereignisses E

$$\mathbf{P(E) = \frac{|E|}{|\Omega|}}$$

P(E) heißt **"Laplace-Wahrscheinlichkeit"**.

VORSICHT

Im Kapitel "Ergebnisraum" wurde gezeigt, daß es zu einem Experiment verschiedene Ergebnisräume Ω gibt.
**Nur einer dieser Ergebnisräume erfüllt jedoch die Laplace-Annahme.**

Insbesondere bei zusammengesetzten Experimenten ist genau darauf zu achten, daß immer der "richtige" Ergebnisraum Ω verwendet wird. E ist stets als Teilmenge dieses "richtigen" Ergebnisraums Ω zu betrachten.

*Beispiel:*

Experiment: Werfen zweier Würfel (siehe Kapitel "Ergebnisraum")

Nur $\Omega_1$ erfüllt die Laplace Annahme.

$(1; 5) \in \Omega_2$ beinhaltet ja die beiden Ergebnisse (1; 5) und (5; 1), da die Reihenfolge nicht beachtet wurde. $(3; 3) \in \Omega_2$ jedoch nur diesen Wurf.

$2 \in \Omega_3$ beinhaltet nur den Wurf (1; 1)
$4 \in \Omega_3$ jedoch die 3 Würfe (1; 3) (3; 1) (2; 2)
$7 \in \Omega_3$ sogar die 6 Würfe (1; 6) (6; 1) (2; 5) (5; 2) (3; 4) (4; 3)

*Beispiel:*

Experiment: Werfen eines Würfels und zweier unterscheidbarer Münzen (siehe Aufgabe 1 e)

Der in der Lösung angegebene Ergebnisraum $\Omega$ ist der einzige, der die Laplace-Annahme erfüllt, auch wenn der Zusatz "unterscheidbar" bei den beiden Münzen entfällt.

VORSICHT

Es ist genau darauf zu achten, daß die Betrachtungsweise des Experiments in Zähler und Nenner dieselbe bleibt! E muß also immer eine Teilmenge des verwendeten $\Omega$ darstellen!

*Beispiel:*

In Aufgabe 40 wurde gezeigt, daß zwei Lösungen möglich sind, je nachdem, ob man die einzelnen Männer und Frauen unterscheidet oder nicht. Die Aufgabe "Mit welcher Wahrscheinlichkeit stellen sich die 6 Ehepaare in bunter Reihe auf?" (Aufgabe 96 b) hat jedoch nur 1 Lösung, die aber auf 2 Wegen erhalten werden kann:

(1) ohne Unterscheidung

$$P = \frac{2}{\binom{12}{6}} = 0{,}00216 = 0{,}22\ \%$$

(2) mit Unterscheidung

$$P = \frac{2 \cdot 6! \cdot 6!}{12!} = 0{,}00216 = 0{,}22\ \%$$

*Beispiel:*

Bei der Berechnung von Laplace-Wahrscheinlichkeiten muß nicht mehr unterschieden werden zwischen "Ziehen hintereinander ohne Zurücklegen" oder "gleichzeitigem Ziehen", wenn in Zähler und Nenner **gleich** verfahren wird.

Die Aufgaben "Mit welcher Wahrscheinlichkeit ergeben sich beim Ziehen hintereinander ohne Zurücklegen / beim gleichzeitigen Ziehen von 5 Kugeln aus einer Urne mit 7 weißen und 13 roten Kugeln genau 3 rote Kugeln?" besitzen beide dieselbe Lösung:

(1) hintereinander ohne Zurücklegen

$$P = \frac{\binom{5}{3}\frac{13!}{(13-3)!}\,\frac{7!}{(7-2)!}}{\frac{20!}{(20-5)!}} = \frac{10\cdot(13\cdot 12\cdot 11)(7\cdot 6)}{20\cdot 19\cdot 18\cdot 17\cdot 16} = 0{,}38738$$

(2) gleichzeitig

$$P = \frac{\binom{13}{3}\binom{7}{2}}{\binom{20}{5}} = \frac{286\cdot 21}{15\,504} = 0{,}38738$$

Sofern es sich **nicht** um ein Ziehen **mit** Zurücklegen handelt, kann also bei der Berechnung von Laplace-Wahrscheinlichkeiten beliebig eine der beiden Betrachtungsweisen gewählt werden. Da im 2. Fall die Tabelle besser eingesetzt werden kann, entscheidet man sich meistens für "gleichzeitiges Ziehen".

Hier noch der allgemeine Beweis dazu:
"Mit welcher Wahrscheinlichkeit ergeben sich beim Ziehen hintereinander ohne Zurücklegen / beim gleichzeitigen Ziehen von k Kugeln aus einer Urne mit R roten und W weißen Kugeln genau r rote Kugeln?"

(1) hintereinander ohne Zurücklegen

$$P_1 = \frac{\binom{k}{r}\dfrac{R!}{(R-r)!}\,\dfrac{W!}{(W-(k-r))!}}{\dfrac{(R+W)!}{(R+W-k)!}}$$

$$= \frac{\dfrac{k!}{r!\,(k-r)!}\,\dfrac{R!}{(R-r)!}\,\dfrac{W}{(W-(k-r))!}}{\dfrac{(R+W)!}{(R+W-k)!}}$$

$$= \frac{k!}{r!\,(k-r)!}\;\frac{R!}{(R-r)!}\;\frac{W!}{(W-(k-r))!}\;\frac{(R+W-k)!}{(R+W)!}$$

(2) gleichzeitig

$$P = \frac{\binom{R}{r}\binom{W}{k-r}}{\binom{R+W}{k}}$$

$$= \frac{\dfrac{R!}{r!(R-r)!}\,\dfrac{W!}{(k-r)!\,(W-(k-r))!}}{\dfrac{(R+W)!}{k!\,(R+W-k)!}}$$

$$= \frac{R!}{r!\,(R-r)!}\;\frac{W!}{(k-r)!\,(W-(k-r)!}\;\frac{k!\,(R+W-k)!}{(R+W)!}$$

also $P_1 = P_2$ !

## Aufgaben

**75.** Aus den Ziffern 1, 3, 5, 7, 9 werden dreistellige Zahlen gebildet, in denen jede Ziffer höchstens einmal vorkommt. Mit welcher Wahrscheinlichkeit ist die Zahl
a) durch 5 teilbar,
b) kleiner als 700?

**76.** Aus den Ziffern 1, 3, 5, 7, 9 werden dreistellige Zahlen gebildet, in denen jede Ziffer beliebig oft vorkommen kann. Mit welcher Wahrscheinlichkeit ist die Zahl
a) durch 5 teilbar,
b) kleiner als 700?

**77.** In einer fünfstelligen Zahl kommt jede Ziffer nur einmal vor. Mit welcher Wahrscheinlichkeit ist die Zahl
a) gerade,
b) durch 5 teilbar?

**78.** Mit welcher Wahrscheinlichkeit ist eine fünfstellige Zahl
a) gerade,
b) durch 5 teilbar?

**79.** In einer zehnstelligen Zahl erscheint einmal die 2, zweimal die 3, dreimal die 5 und viermal die 7. Mit welcher Wahrscheinlichkeit
a) ist die Zahl gerade,
b) beginnt die Zahl mit 757?

**80.** Aus den Buchstaben des Worts **Meerenge** lassen sich durch Umstellen neue "Wörter" (müssen keinen Sinn ergeben) bilden. Mit welcher Wahrscheinlichkeit
a) beginnt und endet ein solches Wort mit E,
b) beginnt ein solches Wort mit E und endet mit N,
c) stehen in einem solchen Wort die vier E nebeneinander?

**81.** Aus vier Buchstaben des Worts "**Schulzeit**" wird ein neues "Wort" (muß keinen Sinn ergeben) gebildet. Mit welcher Wahrscheinlichkeit
a) enthält es nur Konsonanten,
b) beginnt und endet es mit einem Konsonanten,
c) beginnt es mit einem Vokal,
d) enthält es das S,
e) beginnt es mit T und enthält es das S,
f) enthält es die drei Vokale?

**82.** Aus den 26 Buchstaben des Alphabets (21 Konsonanten; 5 Vokale) wird ein "Wort" aus 5 Buchstaben gebildet. Mit welcher Wahrscheinlichkeit
a) enthält es genau 2 Vokale,
b) enthält es B,
c) beginnt es mit A und endet es mit B,
d) beginnt es mit A und enthält B,
e) enthält es A und B,
f) enthält es A, B und C?

**83.** Mit einem Würfel werden siebenstellige Zahlen erwürfelt. (1. Wurf Millionenstelle, 2. Wurf Hunderttausenderstelle ...). Mit welcher Wahrscheinlichkeit
a) ist die Zahl gerade,
b) beginnt und endet die Zahl mit 6,
c) ist nur genau die Einerstelle mit 6 besetzt,
d) kommt 6 genau einmal vor,
e) kommt 6 mindestens einmal vor?

**84.** Ein Würfel und zwei Münzen werden geworfen. Mit welcher Wahrscheinlichkeit
a) zeigen beide Münzen dasselbe,
b) zeigt der Würfel 1 oder 6,
c) zeigen beide Münzen dasselbe und der Würfel 1 oder 6?

**85.** Es werden 3 Würfel geworfen. Mit welcher Wahrscheinlichkeit erhält man
a) "Pasch" (3 gleiche Augenzahlen),
b) die Augensumme 4?

**86.** Ein Tetraeder mit den Seitenaufschriften 1, 2, 3 und 4 wird fünfmal geworfen. Es zählt diejenige Augenzahl, die auf der Grundfläche steht. Mit welcher Wahrscheinlichkeit erhält man
a) immer dieselbe Augenzahl,
b) Übereinstimmung der ersten und letzten Augenzahl,
c) genau einmal Augenzahl 1,
d) mindestens einmal Augenzahl 1,
e) genau zweimal Augenzahl 1,
f) höchstens zweimal Augenzahl 1?

**87.** Es werden gleichzeitig 3 Karten aus einem Spiel mit 32 Karten gezogen. Mit welcher Wahrscheinlichkeit zieht man
a) drei Buben,
b) keinen Buben,
c) höchstens einen Buben,
d) nur Herz,
e) mindestens zwei Herz,
f) weder Herz noch Bube,
g) entweder drei Herz oder drei Buben,
h) drei Karten derselben Farbe,
i) drei Karten unterschiedlicher Farbe,
k) drei Karten desselben Werts?

**88.** Entsprechend Aufgabe 87, jedoch erfolgt das Ziehen hintereinander ohne Zurückstecken.

**89.** Entsprechend Aufgabe 87, jedoch erfolgt das Ziehen hintereinander mit Zurückstecken.

**90.** Skat wird mit 32 Karten gespielt. Jeder Spieler erhält 10 Karten, die beiden restlichen Karten bilden den "Skat". Mit welcher Wahrscheinlichkeit enthält der Skat
a) zwei Karten derselben Farbe,
b) zwei Buben,
c) einen Buben und ein As,
d) den Kreuzbuben und ein As,
e) den Kreuzbuben und ein Herz?

**91.** Skat wird mit 32 Karten gespielt. Jeder Spieler erhält 10 Karten ("Blatt"). Die restlichen beiden Karten bilden den Skat. Mit welcher Wahrscheinlichkeit enthält das Blatt eines bestimmten Spielers
a) alle Buben,
b) keinen Buben und kein As,
c) mindestens 3 Buben,
d) alle Herz,
e) alle Karten einer Farbe,
f) drei Buben und alle Karten einer Farbe außer dem Buben dieser Farbe?

**92.** Eine Münze wird 12mal geworfen. Mit welcher Wahrscheinlichkeit erhält man
a) beim ersten und letzten Wurf "Zahl",
b) den ersten und letzten Wurf gleich,
c) die ersten drei Würfe gleich,
d) die ersten drei Würfe "Zahl",
e) genau dreimal "Zahl",
f) höchstens dreimal "Zahl",
g) genau zehnmal "Zahl",
h) mindestens zehnmal "Zahl"?

**93.** Eine Familie hat 5 Kinder. Mit welcher Wahrscheinlichkeit
a) ist das erste und letzte Kind ein Sohn,
b) haben das erste und letzte Kind das gleiche Geschlecht,
c) sind die ersten zwei Kinder Söhne,
d) sind nur die ersten zwei Kinder Söhne,
e) sind genau zwei Kinder Söhne,
f) sind mindestens zwei Kinder Söhne,
g) sind höchstens zwei Kinder Söhne,

wenn die Wahrscheinlichkeiten für Sohn und Tochter gleich sind?

**94.** Anton, Bernhard, Christian, Daniela und Eva müssen abwechselnd für einen Tag den "Familienhund" betreuen. Innerhalb von fünf Tagen kommt jeder genau einmal dran. Mit welcher Wahrscheinlichkeit sind
a) am ersten und letzten Tag ein Bub dran,
b) an den ersten beiden Tagen Buben dran,
c) an den ersten beiden Tagen Mädchen dran,
d) abwechselnd ein Bub und ein Mädchen dran?

**95.** Anton, Bernhard, Christian, Daniela und Eva losen jeden Tag aus allen fünfen aus, wer "Hundetag" hat. Wie wahrscheinlich ist es, daß innerhalb einer Woche

a) Daniela nicht drankommt,
b) nur Buben drankommen,
c) Anton nur am ersten und zweiten Tag drankommt,
d) der Pechvogel Bernhard genau viermal drankommt,
e) Daniela und Eva nur je einmal und zwar an zwei aufeinander folgenden Tagen drankommen?

**96.** Bei einem Treffen stellen sich 6 Ehepaare hintereinander auf. Mit welcher Wahrscheinlichkeit stehen

a) alle Männer und alle Frauen zusammen,
b) sie in "bunter Reihe",
c) am Anfang und Ende ein Mann,
d) am Anfang drei Männer,
e) alle Frauen zusammen?

**97.** Die 6 Ehepaare treffen sich nun auf einem Faschingsfest. Vier Personen sind als Cowboy, drei als Indianer und fünf als Clown verkleidet. Für ein Spiel stellen sich alle im Kreis auf. Mit welcher Wahrscheinlichkeit

a) bilden sie eine "bunte Reihe",
b) stehen alle Gleichkostümierten nebeneinander?

**98.** In einer Klasse mit 32 Schülern (18 Buben und 14 Mädchen) wird nacheinander der 1. und 2. Klassensprecher gewählt. Mit welcher Wahrscheinlichkeit ist

a) der 1. Klassensprecher ein Mädchen,
b) genau ein Klassensprecher ein Mädchen?

**99.** Am Montagmorgen trudeln die 23 Teilnehmer (14 Buben und 9 Mädchen) eines Grundkurses nur einzeln im Kursraum ein. Mit welcher Wahrscheinlichkeit ist

a) der erste Teilnehmer ein bestimmter Bub,
b) der zweite und dritte Teilnehmer ein Mädchen?

**100.** In einer Urne befinden sich 10 rote, 7 schwarze und 3 weiße Kugeln. Es werden nacheinander ohne Zurücklegen 4 Kugeln gezogen. Mit welcher Wahrscheinlichkeit

a) sind alle Kugeln rot,
b) sind alle Kugeln gleichfarbig,
c) ist die erste Kugel rot,
d) ist nur die erste Kugel rot,
e) ist genau eine Kugel rot,
f) ist höchstens eine Kugel rot,
g) ist mindestens eine Kugel rot,
h) sind genau drei Kugeln nicht rot,
i) sind höchstens drei Kugeln nicht rot?

**101.** Entsprechend Aufgabe 100, jedoch bei gleichzeitigem Ziehen

**102.** Entsprechend Aufgabe 100, jedoch mit Zurücklegen

**103.** In einer Urne befinden sich 1 weiße und 4 rote Kugeln. Es werden nacheinander mit Zurücklegen 10 Kugeln gezogen. Mit welcher Wahrscheinlichkeit

a) sind genau 2 Kugeln rot,
b) sind höchstens 2 Kugeln rot,
c) sind mindestens 2 Kugeln rot,
d) ist nur die erste Kugel rot,
e) sind nur die letzten drei Kugeln rot?

**104.** Herr Jubel hat zu seinem Geburtstag 5 Gäste eingeladen. Im Verlauf des Festes nennen die Gäste dem Alter nach ihren Geburtsmonat. Mit welcher Wahrscheinlichkeit

a) sind die beiden ältesten Gäste im selben Monat geboren,
b) sind alle Gäste in verschiedenen Monaten geboren?

**105.** Frau Jubel feiert ihren Geburtstag zusammen mit 7 Freundinnen. Beim Eintreffen schreibt jede ihren Geburtstag in eine Liste. (29. Februar soll nicht dabei sein). Mit welcher Wahrscheinlichkeit

a) haben nur die als zweite und letzte eintreffende Freundin den gleichen Geburtstag wie Frau Jubel,

b) haben die als erste und dritte eintreffende Freundin zwar den gleichen Geburtstag, der jedoch nicht mit dem von Frau Jubel zusammenfällt?

**106.** Mit welcher Wahrscheinlichkeit hat Herr Glück beim Toto-Spiel
a) nur die ersten fünf richtig getippt,
b) genau fünf richtig getippt,
c) nur das letzte Spiel falsch getippt,
d) nur genau ein Spiel falsch getippt,
e) mindestens ein Spiel falsch getippt,
f) höchstens ein Spiel richtig getippt?

**107.** Mit welcher Wahrscheinlichkeit hat Frau Glück beim Lotto-Spiel
a) nur eine richtige Zahl,
b) genau vier richtige,
c) mindestens vier richtige,
d) mehr als vier richtige,
e) alle sechs richtig?

Die Zusatzzahl soll stets unberücksichtigt bleiben!

**108.** Das Ehepaar Freundlich hat 15 gute Bekannte (9 Männer und 6 Frauen) und möchte fünf davon einladen. Mit welcher Wahrscheinlichkeit werden
a) nur Männer eingeladen,
b) genau zwei Frauen eingeladen,
c) höchstens zwei Frauen eingeladen?

**109.** Ein siebenköpfiger Ausschuß soll gemäß dem Mehrheitsverhältnis mit 3 Abgeordneten der CSP, 2 Abgeordneten der FSU und 2 Abgeordneten der DSU besetzt werden. Es kommen dafür 17 Abgeordnete der CSP, 15 der FSU und 18 der DSU in Betracht. Mit welcher Wahrscheinlichkeit

a) gehört ein bestimmter Abgeordneter der CSP dem Ausschuß an,

b) gehören ein bestimmter Abgeordneter der CSP und ein bestimmter Abgeordneter der FSU dem Ausschuß nicht gemeinsam an?

**110.** Aus den 17 Abgeordneten der CSP, den 15 der FSU und den 18 der DSU soll außerdem noch ein fünfköpfiger Ausschuß gebildet werden, bei dem es keine vorher festgelegten Platzverteilungen gibt (d. h. er kann auch mit Abgeordneten nur einer Partei besetzt werden). Mit welcher Wahrscheinlichkeit

a) sind genau zwei Abgeordnete der CSP im Ausschuß,
b) ist kein Abgeordneter der FSU im Ausschuß,
c) ist die DSU lediglich mit zwei bestimmten Abgeordneten im Ausschuß vertreten?

**111.** Ein Professor gibt vor einer Prüfung einen Fragenkatalog mit 50 Fragen heraus, von denen dann 5 dem Prüfling vorgelegt werden. Der Student Halbwegs bereitet sich auf 25 der Fragen vor. Mit welcher Wahrscheinlichkeit erhält er

a) genau zwei vorbereitete Fragen,
b) höchstens zwei vorbereitete Fragen,
c) mindestens zwei vorbereitete Fragen?

**112.** Aus einem Karton mit 50 Glühbirnen, von denen 7 defekt sind, werden 5 Glühbirnen gleichzeitig entnommen und geprüft (Stichprobe). Mit welcher Wahrscheinlichkeit befindet sich in der Stichprobe

a) genau eine defekte Glühbirne,
b) höchstens eine defekte Glühbirne,
c) mindestens eine defekte Glühbirne?

**113.** Entsprechend Aufgabe 112, jedoch bei einer Entnahme hintereinander mit Zurücklegen

**114.** Entsprechend Aufgabe 112, jedoch bei einer Entnahme hintereinander ohne Zurücklegen

# 8. Unabhängigkeit

Beim Zufallsexperiment "Untersuchung der Bevölkerung auf Intelligenz und Augenfarbe" sind die beiden Ereignisse A und B definiert durch

A: "überdurchschnittliche Intelligenz"
B: "grünäugig"

Für die Beziehung zwischen A und B ergeben sich nun folgende Möglichkeiten (siehe auch Kapitel "Ereignis").

**$A \cap B = \emptyset$ "unvereinbar"**

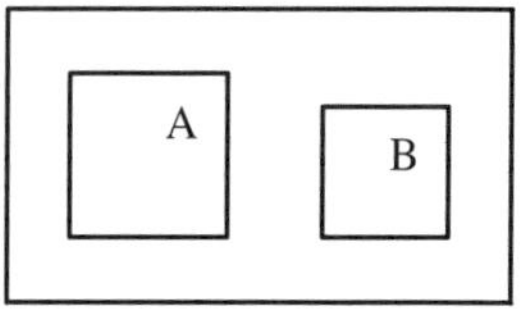


also: "Wer intelligent ist, hat keine grünen Augen."
"Wer grüne Augen hat, ist nicht intelligent."

**$A \subset B$ $A \cap B = A$**

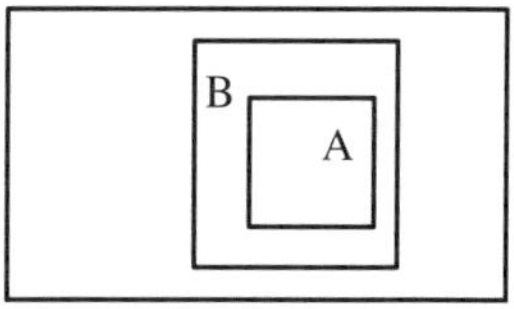


also: "Wer intelligent ist, hat sicher auch grüne Augen."

$\mathbf{A \supset B}$ $\mathbf{A \cap B = B}$

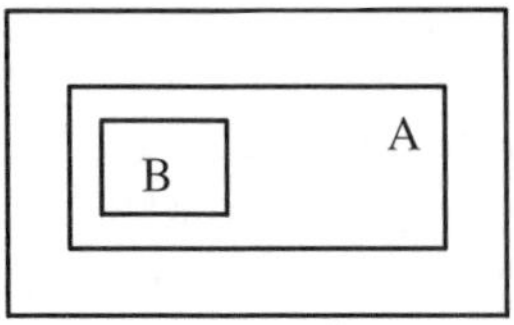


also: "Wer grüne Augen hat, ist sicher auch intelligent."

Keine dieser Möglichkeiten ist sinnvoll, da man doch annehmen möchte, daß Augenfarbe und Intelligenz einander in keiner Weise beeinflussen. Dies ist dann erreicht, wenn die Anzahl der grünäugig Intelligenten unter allen Intelligenten genauso groß ist wie die Anzahl der Grünäugigen in der Gesamtbevölkerung. Mit Zahlen ausgedrückt: Ist ein Fünftel der Bevölkerung grünäugig, so sollte auch ein Fünftel der Intelligenten grünäugig sein.

$|A|$ = Anzahl der überdurchschnittlich Intelligenten

$|B|$ = Anzahl der Grünäugigen

$|A \cap B|$ = Anzahl der grünäugigen Intelligenten (oder intelligenten Grünäugigen)

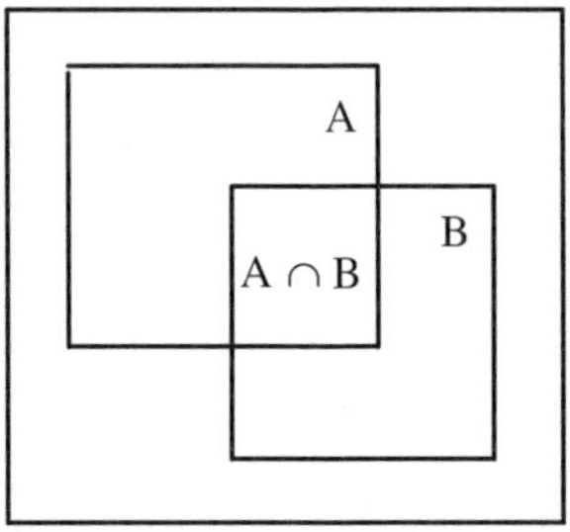


Man erkennt nur dann an, daß sich die beiden Ereignisse A und B nicht beeinflussen, wenn

$$|A \cap B| : |A| = |B| : |\Omega|$$

$$\frac{|A \cap B|}{|A|} = \frac{|B|}{|\Omega|}$$

$$\frac{|A \cap B| \cdot |\Omega|}{|A| \cdot |\Omega|} = \frac{|B|}{|\Omega|}$$

$$\frac{|A \cap B|}{|\Omega|} = \frac{|A| \cdot |B|}{|\Omega| \cdot |\Omega|}$$

$$\boxed{\mathbf{P(A \cap B) = P(A) \cdot P(B)}}$$

Nur wenn die Wahrscheinlichkeit für das Eintreten beider Ereignisse **gleich dem Produkt der Wahrscheinlichkeiten** der beiden Ereignisse ist, beeinflussen sich die Ereignisse nicht:

**A und B sind "unabhängig".**

Aus den Diagrammen ist sofort zu erkennen:

A und B unvereinbar $\Rightarrow$ abhängig

A und B unabhängig $\Rightarrow$ vereinbar

Eine Umkehrung dieser Sätze ist **nicht** möglich!

Man untersucht zwei Ereignisse A und B auf Unabhängigkeit, indem man die drei Wahrscheinlichkeiten

$$P(A);\ P(B);\ P(A \cap B)$$

berechnet und das Produkt der beiden ersten Wahrscheinlichkeiten mit der dritten Wahrscheinlichkeit vergleicht.

Ist bekannt, daß zwei oder mehr Ereignisse unabhängig sind, so darf die Wahrscheinlichkeit ihres Durchschnitts durch Multiplikation der Einzelwahrscheinlichkeiten bestimmt werden.

Diese "Produktregel" entspricht nicht der Berechnung der Wahrscheinlichkeit zusammengesetzter Experimente (siehe Kapitel "Wahrscheinlichkeiten zusammengesetzter Experimente"), da es sich bei der Unabhängigkeit um Ereignisse **eines** Zufallsexperiments und nicht um die Hintereinanderschaltung **mehrerer** Teilexperimente handelt.

Ferner gilt:

A und B unabhängig $\Rightarrow$ A und $\overline{B}$ unabhängig

$\Rightarrow$ $\overline{A}$ und B unabhängig

$\Rightarrow$ $\overline{A}$ und $\overline{B}$ unabhängig

## Aufgaben

**115.** A und B sind zwei unabhängige Ereignisse eines Zufallsexperiments, für die gilt:

$$P(A) = \frac{1}{5} \qquad P(A \cup B) = \frac{1}{2}$$

Berechnen Sie die Wahrscheinlichkeiten von

a) B b) A\B c) $\overline{A} \backslash \overline{B}$

**116.** Eine Laplace-Münze wird dreimal geworfen. Dabei sind folgende Ereignisse definiert:

A: "beim ersten Wurf Zahl"

B: "beim zweiten Wurf Zahl"

C: "genau zweimal hintereinander Zahl"

Untersuchen Sie, ob

a) A und C unabhängig sind,

b) B und C abhängig sind.

**117.** Die beiden Ereignisse A und B sind definiert durch

A: "beide Seiten der Münze werden sichtbar"

B: "es tritt höchstens einmal Zahl auf"

Zeigen Sie, daß

a) A und B abhängig sind, wenn die Münze zweimal geworfen wird,

b) A und B unabhängig sind, wenn die Münze dreimal geworfen wird.

**118.** Eine Familie hat drei Kinder. Es sind folgende Ereignisse definiert

A: "entweder 3 Söhne oder 3 Töchter"

B: "mindestens 2 Söhne"

C: "höchstens 2 Söhne"

Untersuchen Sie, ob

a) A und B unabhängig sind,

b) A und C unabhängig sind,

c) B und C unabhängig sind.

**119.** In der Absenzenliste eines Kurses sind die Fehlstunden durch f gekennzeichnet. Ist das Fehlen von Adam und Eva unabhängig?

| | | | | | | | | | | | | | | | | | |
|---|---|---|---|---|---|---|---|---|---|---|---|---|---|---|---|---|---|
| Adam | | f | | f | f | | | f | f | | | f | f | | | | f |
| Bernhard | f | f | | | | f | f | | | | f | | | f | | | |
| Carola | | | f | | | | | | | f | | | | | | f | |
| Daniela | | | | | | | | | | | | | | f | f | | |
| Eva | | | | f | | f | | | | | | f | f | | | | f |

gehaltene Stunden: 20

**120.** Nach der Statistik einer Lebensversicherung ist die Wahrscheinlichkeit, älter als 70 Jahre zu werden, für Männer $\frac{1}{4}$, für Frauen $\frac{1}{3}$. Mit welcher Wahrscheinlichkeit überschreiten

a) beide Ehepartner,
b) nur ein Ehepartner,
c) kein Ehepartner,
d) nur dic Ehefrau

die 70 Jahre?

**121.** Herr Pendelmann fährt jeden Morgen mit dem Auto zur Arbeit. Einmal in 5 Tagen verschläft er und fährt daher 10 Minuten später als sonst los. Es kann ihm noch dazu täglich mit 15 % Wahrscheinlichkeit passieren, daß er in einen Verkehrsstau gerät, der seine Fahrzeit um 10 Minuten verlängert. "Verschlafen" und "Verkehrsstau" sollen als unabhängig betrachtet werden. Herr Pendelmann hat gleitende Arbeitszeit und arbeitet jedes Zuspätkommen am gleichen Tag nach. Mit welcher Wahrscheinlichkeit muß er

a) 20 Minuten nacharbeiten,
b) 10 Minuten nacharbeiten,
c) nicht nacharbeiten?

# 9. Bernoulli-Kette

Interessiert man sich bei einem Zufallsexperiment mit dem Ergebnisraum Ω lediglich dafür, ob das Ereignis $E \subset \Omega$ eingetreten ist oder nicht (Treffer –Niete), so spricht man von einem **"Bernoulli-Experiment".**

*Beispiel:* Werfen zweier Würfel
E: {Pasch}

Ergeben sich im Spiel folgende Würfe

| | | | | | |
|---|---|---|---|---|---|
| (1; 3) | (2; 2) | (4; 1) | (6; 3) | (5; 5) | (2; 4) |

so läßt sich auch schreiben:

| | | | | | |
|---|---|---|---|---|---|
| $\overline{E}$ | E | $\overline{E}$ | $\overline{E}$ | E | $\overline{E}$ |

bzw.

| | | | | | |
|---|---|---|---|---|---|
| 0 | 1 | 0 | 0 | 1 | 0 |

*Beispiel:* Roulette
E: {zweites Dutzend} = {13 ... 24}

Ergeben sich im Spiel folgende Zahlen

| | | | | | | | |
|---|---|---|---|---|---|---|---|
| (14) | (17) | (32) | (0) | (28) | (5) | (23) | (39) |

so läßt sich auch schreiben

| | | | | | | | |
|---|---|---|---|---|---|---|---|
| E | E | $\overline{E}$ | $\overline{E}$ | $\overline{E}$ | $\overline{E}$ | E | $\overline{E}$ |

bzw.

| | | | | | | | |
|---|---|---|---|---|---|---|---|
| 1 | 1 | 0 | 0 | 0 | 0 | 1 | 0 |

Das Ergebnis jedes Bernoulli-Experiments kann also durch 1 bzw. 0 gekennzeichnet werden.

Führt man n Bernoulli-Experimente so nacheinander aus, daß die Ausgangsposition bei jedem Experiment wieder dieselbe ist, die Wahrscheinlichkeit für ein Ereignis also gleich bleibt, so spricht man von einer **"Bernoulli-Kette der Länge n"**.

Jedes Ergebnis einer Bernoulli-Kette der Länge n läßt sich als "Dualzahl" mit n Stellen schreiben.

Die Wahrscheinlichkeit p für das Eintreten des Ereignisses E heißt der **"Parameter"** der Bernoulli-Kette.

*Beispiel:*

sechsmaliges Werfen mit zwei Würfeln
E: {Pasch}

mögliches Ergebnis: 0 1 0 0 1 0 (siehe oben)

$$p = P(\text{Treffer}) = P(E) = \frac{6}{36} = \frac{1}{6}$$

$$q = P(\text{Niete}) = P(\overline{E}) = 1 - p = \frac{5}{6}$$

Anzahl der Treffer: 2
Anzahl der Nieten: 6 – 2 = 4

*Beispiel:*

achtmaliges Roulette-Spielen
E: {zweites Dutzend} = {13 ... 24}

mögliches Ergebnis: 1 1 0 0 0 0 1 0 (siehe oben)

$$p = P(\text{Treffer}) = P(E) = \frac{12}{37}$$

$$q = P(\text{Niete}) = P(\overline{E}) = 1 - p = \frac{25}{37}$$

Anzahl der Treffer: 3
Anzahl der Nieten: 8 – 3 = 5

Als Wahrscheinlichkeiten für die beiden obigen Ergebnisse erhält man

$$P(0\ 1\ 0\ 0\ 1\ 0) = \frac{5}{6}\cdot\frac{1}{6}\cdot\frac{5}{6}\cdot\frac{5}{6}\cdot\frac{1}{6}\cdot\frac{5}{6} = \left(\frac{1}{6}\right)^2\cdot\left(\frac{5}{6}\right)^4 = 0{,}0134$$

$$P(1\ 1\ 0\ 0\ 0\ 0\ 1\ 0) = \frac{12}{37}\cdot\frac{12}{37}\cdot\frac{25}{37}\cdot\frac{25}{37}\cdot\frac{25}{37}\cdot\frac{25}{37}\cdot\frac{12}{37}\cdot\frac{25}{37} = \left(\frac{12}{37}\right)^3\cdot\left(\frac{25}{37}\right)^5 = 0{,}0048$$

Multiplikation der Wahrscheinlichkeiten gemäß Kapitel "Wahrscheinlichkeiten zusammengesetzter Experimente"

Man interessiert sich jedoch bei einer Bernoulli-Kette nur in seltenen Fällen für die Wahrscheinlichkeit eines einzelnen Ergebnisses. In den meisten Fällen werden alle Ergebnisse mit der gleichen Anzahl von Treffern (und damit auch mit der gleichen Anzahl von Nieten) zusammengefaßt.

*Beispiel:*

Mit welcher Wahrscheinlichkeit erhält man beim sechsmaligen Werfen mit zwei Würfeln genau zweimal Pasch?

$$P = \binom{6}{2}\cdot\left(\frac{1}{6}\right)^2\cdot\left(\frac{5}{6}\right)^4 = 0{,}20094$$

$\binom{6}{2}$ für die Platzverteilung der Treffer (siehe "Kombinatorik" 3 e (3))

$\left(\frac{1}{6}\right)^2$ für die Treffer (siehe oben)

$\left(\frac{5}{6}\right)^4$ für die Nieten (siehe oben)

*Beispiel:*

Mit welcher Wahrscheinlichkeit trifft die Kugel beim achtmaligen Roulette-Spielen genau dreimal in das zweite Dutzend?

$$P = \binom{8}{3}\cdot\left(\frac{12}{37}\right)^3\cdot\left(\frac{25}{37}\right)^5 = 0{,}26904$$

$\binom{8}{3}$ für die Platzverteilung der Treffer (siehe "Kombinatorik" 3 e (3))

$\left(\frac{12}{37}\right)^3$ für die Treffer (siehe oben)

$\left(\frac{25}{37}\right)^5$ für die Nieten (siehe oben)

**allgemein:**

Mit welcher Wahrscheinlichkeit erzielt man bei einer Bernoulli-Kette der Länge n mit dem Parameter p genau k Treffer?

$$\mathbf{P} = \binom{n}{k} \cdot p^{k} \cdot (1-p)^{n-k} = \mathbf{B(n; p; k)}$$

dabei ist

| | |
|---|---|
| $\binom{n}{k}$ | für die Platzverteilung der Treffer |
| $p^k$ | für die Treffer |
| $(1-p)^{n-k}$ | für die Nieten (Wahrscheinlichkeit für eine Niete ist 1 – p; Anzahl der Nieten ist n – k) |

**B(n; p; k)** heißt auch "**Binomialverteilung**" und ist für die gebräuchlichsten Parameter p und Längen n **tabellarisiert**!

VORSICHT

Für Parameter p > 0,5 rotes Feld beachten und auch die k-Werte **nur** im roten Feld ablesen!

*Beispiel 1:* n = 5   p = 0,4

| k | 0 | 1 | 2 |
|---|---|---|---|
| B(5; 0,4; k) | 0,07776 | 0,25920 | 0,34560 |

| k | 3 | 4 | 5 |
|---|---|---|---|
| B(5; 0,4; k) | 0,23040 | 0,07680 | 0,01024 |

graphische Darstellung (Histogramm)

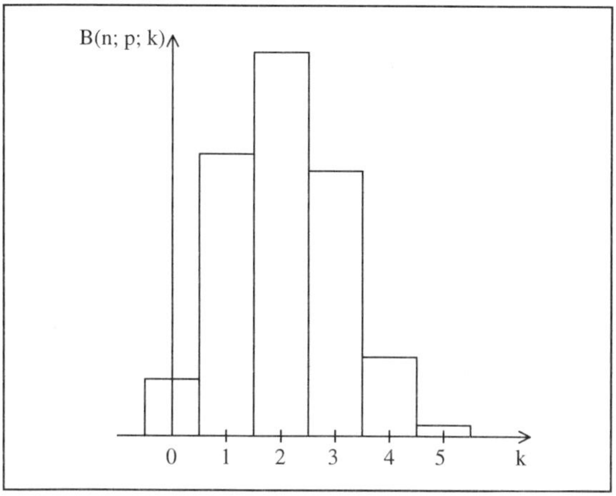


*Beispiel 2:* n = 7   p = 0,55 (rotes Feld!)

| k | 0 | 1 | 2 | 3 |
|---|---|---|---|---|
| B(5; 0,55; k) | 0,00374 | 0,03197 | 0,11722 | 0,23878 |

| k | 4 | 5 | 6 | 7 |
|---|---|---|---|---|
| B(5; 0,55; k) | 0,29185 | 0,21402 | 0,08719 | 0,01522 |

graphische Darstellung (Histogramm)

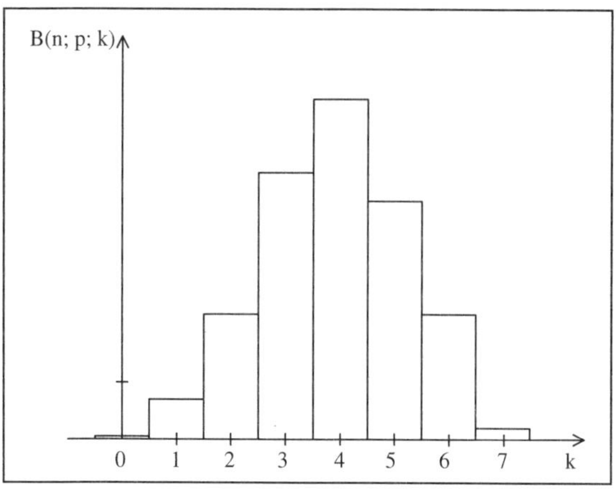

**Aufgabenstellungen** mit "höchstens k Treffern" bzw. "mindestens k Treffern" sind gemäß Kapitel "Ereignis" 5. und der Formel

$$P(E) = \sum_{\omega_i \in E} P(\{\omega_i\})$$ siehe Kapitel "Wahrscheinlichkeit"

durch Summation zu lösen.

*Beispiel:* **höchstens k Treffer**

$$P = B(n; p; 0) + B(n; p; 1) + B(n; p; 2) + ... + B(n; p; k)$$
$$= \sum_{i=0}^{k} B(n; p; i)$$

*Beispiel:* **mindestens k Treffer**

$$P = B(n; p; k) + B(n; p; k+1) + ... + B(n; p; n-1) + B(n; p; n)$$
$$= \sum_{i=k}^{n} B(n; p; i)$$
$$= \sum_{i=0}^{n} B(n; p; i) - \sum_{i=0}^{k-1} B(n; p; i)$$
$$= P(\Omega) - \sum_{i=0}^{k-1} B(n; p; i)$$
$$= 1 - \sum_{i=0}^{k-1} B(n; p; i)$$

Da $\sum_{i=0}^{n} B(n; p; i)$ alle möglichen Trefferanzahlen umfaßt.

*Beispiel:* **mindestens k und höchstens m Treffer**

$$P = B(n; p; k) + B(n; p; k+1) + ... + B(n; p; m-1) + B(n; p; m)$$
$$= \sum_{i=k}^{m} B(n; p; i)$$
$$= \sum_{i=0}^{m} B(n; p; i) - \sum_{i=0}^{k-1} B(n; p; i)$$

Diese aufsummierten Wahrscheinlichkeiten $\sum_{i=0}^{k} B(n; p; k)$ sind **tabellarisiert**!

Man nennt sie **"kumulative Binomialverteilung"**.

VORSICHT

Jeder Tabellenwert beginnt mit der Summation bei i = 0 und endet beim angegebenen k. Summen der Form

$$\sum_{i=k}^{n} B(n; p; i) \quad \text{bzw.} \quad \sum_{i=k}^{m} B(n; p; i)$$

daher **unbedingt** nach obigem Muster umformen!

Für Parameter p > 0,5 rotes Feld beachten und auch k-Werte **nur** im roten Feld ablesen!
Abgelesenen Wert von 1 subtrahieren! Das ergibt dann erst die gesuchte Wahrscheinlichkeit!

Die beiden Tabellen für die einfache und die kumulative Binomialverteilung nicht durcheinander bringen!

Selbstverständlich können alle Aufgaben zur Wahrscheinlichkeitsberechnung einer Bernoulli-Kette nach dem Muster der Berechnung von Laplace-Wahrscheinlichkeiten gelöst werden, da jeder Bernoulli-Kette die Laplace-Annahme zugrunde liegt. Der Weg über die Binomialverteilung ist aber sehr viel bequemer, da die Tabelle benutzt werden kann

*Beispiel:* (siehe auch Aufgabe 86 e)

Laplace-Lösung: $P = \dfrac{\binom{5}{2} 1^2\, 3^3}{4^5} = \dfrac{270}{1024} = 26{,}367\ \%$

Bernoulli-Lösung: $P = B(5; 0{,}25; 2) = 0{,}26367 = 26{,}376\ \%$

Begründung:

$$\frac{\binom{5}{2} 1^2\, 3^3}{4^5} = \binom{5}{2}\frac{1^2\, 3^3}{4^2\, 4^3} = \binom{5}{2}\left(\frac{1}{4}\right)^2\left(\frac{3}{4}\right)^3 = B(5; \frac{1}{4}; 2)$$

*Beispiel:* (siehe auch Aufgabe 86 f)

Laplace-Lösung: $P = \dfrac{3^5 + 5 \cdot 1^1 \cdot 3^4 + \binom{5}{2} 1^2 \cdot 3^3}{4^5} = \dfrac{918}{1024} = 89{,}648\ \%$

Bernoulli-Lösung: $P = \sum_{i=0}^{2} B(5; 0{,}26; i) = 0{,}89648 = 89{,}648\ \%$

**Eine sehr beliebte Aufgabenstellung**

Welche Länge muß eine Bernoulli-Kette mit dem Parameter p **mindestens** besitzen, um mit einer Wahrscheinlichkeit von **mindestens** a % **mindestens** einen Treffer zu enthalten?

*Beispiel:*

Wie oft muß man mit zwei Würfeln mindestens werfen, um mit einer Wahrscheinlichkeit von mindestens 95 % mindestens einen Pasch zu erzielen?

Die Wahrscheinlichkeit "mindestens ein Pasch" ist gleich der Wahrscheinlichkeit "nicht (kein Pasch)" (siehe Kapitel "Ereignis" 5.) also:

$P\ \overline{(\text{kein Pasch bei n Würfen})} \geq 0{,}95$

$1 - P\ (\text{kein Pasch bei n Würfen}) \geq 0{,}95$

da $p = P\ (\text{Pasch bei einem Wurf}) = \dfrac{1}{6}$ (siehe oben) ergibt sich

$1 - B(n; \tfrac{1}{6}; 0) \geq 0{,}95$

$1 - \binom{n}{0}\left(\dfrac{1}{6}\right)^0 \left(\dfrac{5}{6}\right)^n \geq 0{,}95$

$-1 \cdot 1 \cdot \left(\dfrac{5}{6}\right)^n \geq -0{,}05$

$\left(\dfrac{5}{6}\right)^n \leq 0{,}05$

$n \cdot \ln\left(\dfrac{5}{6}\right) \leq \ln 0{,}05$ Da ln x eine streng monoton steigende Funktion ist, bleibt das Ungleichzeichen hier unverändert.

$$n \boxed{\geq} \frac{\ln 0{,}05}{\ln\left(\frac{5}{6}\right)}$$

In $\left(\frac{5}{6}\right) < 0$, da $\left(\frac{5}{6}\right) < 1$; also Ungleichzeichen umkehren!

$n \geq 16{,}4$

Man muß mindestens 17mal würfeln!

**allgemein:**

$$1 - B(n; p; 0) \geq a$$

$$-\binom{n}{0} p^0 (1-p)^n \geq a - 1$$

$$1 \cdot 1 \cdot (1-p)^n \leq 1 - a$$

$$n \cdot \ln(1-p) \leq \ln(1-a)$$

$$n \boxed{\geq} \frac{\ln(1-a)}{\ln(1-p)}$$

VORSICHT

$(1 - p) < 1$ stets erfüllt, also $\ln(1 - p) < 0$; also Ungleichzeichen umkehren!

## Aufgaben

**122.** Bestimmen Sie mit Hilfe der Tabellen

a) $B(10; 0{,}3; 6)$

b) $B(50; 0{,}6; 28)$

c) $B(200; 0{,}75; 53)$

d) $\sum_{i=0}^{2} B(5; 0{,}4; i)$

e) $\sum_{i=0}^{13} B(30; 0{,}3; i)$

f) $\sum_{i=0}^{28} B(50; 0{,}6; i)$

g) $\sum_{i=0}^{67} B(100; 0{,}7; i)$

h) $\sum_{i=4}^{12} B(20; \frac{1}{3}; i)$

i) $\sum_{i=20}^{30} B(50; 0{,}5; i)$

k) $\sum_{i=18}^{26} B(40; 0{,}55; i)$

l) $\sum_{i=35}^{65} B(100; 0{,}6; i)$

m) $\sum_{i=150}^{190} B(200; 0{,}8; i)$

**123.** Ein Laplace-Würfel wird 100-mal geworfen. Mit welcher Wahrscheinlichkeit erhält man

a) genau 20-mal die Augenzahl 6,

b) höchstens 20-mal die Augenzahl 6,

c) mindestens 20-mal die Augenzahl 6,

d) mehr als 10- und weniger als 30-mal die Augenzahl 6,

e) nur an 10. bis 30. Stelle die Augenzahl 6?

**124.** Wie oft muß der Laplace-Würfel mindestens geworfen werden, um mit mindestens 90 % Wahrscheinlichkeit mindestens einmal die Augenzahl 6 zu erhalten?

**125.** Ein Tetraeder mit den Seitenaufschriften 1, 2, 3 und 4 wird 20mal geworfen. Es zählt diejenige Augenzahl, die auf der Grundfläche steht. Mit welcher Wahrscheinlichkeit erhält man
a) genau 7-mal die Augenzahl 1,
b) weniger als 7-mal die Augenzahl 1,
c) mehr als 7-mal die Augenzahl 1,
d) mindestens 3 und höchstens 17-mal die Augenzahl 1?

**126.** Eine Laplace-Münze wird 50-mal geworfen. Mit welcher Wahrscheinlichkeit erhält man
a) genau 30-mal Zahl,
b) höchstens 30-mal Zahl,
c) mindestens 30-mal Zahl,
d) mehr Zahl als Kopf,
e) 10- bis 40-mal Zahl?

**127.** Mit welcher Wahrscheinlichkeit hat man beim Toto-Spielen (siehe Aufgabe 50) mit 10 statt 11 Spielen
a) genau 5 Richtige,
b) mindestens 5 Richtige,
c) weniger als 5 Richtige,
d) höchstens 1 Richtige,
e) alles richtig,
f) nur 1 Falsche?

**128.** Eine Mannschaft gewinnt jedes Spiel mit einer Wahrscheinlichkeit von $\frac{2}{3}$. Mit welcher Wahrscheinlichkeit gewinnt die Mannschaft
a) mehr als 13,
b) höchstens 13,
c) mehr als die Hälfte

von 20 Spielen?

**129.** Wie oft muß die Mannschaft aus Aufgabe 128 mindestens spielen, um mit mehr als 99 % Wahrscheinlichkeit mindestens ein Spiel zu gewinnen?

**130.** Eine Familie hat 5 Kinder. Mit welcher Wahrscheinlichkeit sind
a) genau zwei Kinder Söhne,
b) mindestens zwei Kinder Söhne,
c) höchstens zwei Kinder Söhne,
d) nur die ersten beiden Kinder Söhne?

wenn die Wahrscheinlichkeiten für Sohn und Tochter gleich sind.

**131.** Ein Mann trifft eine Zielscheibe mit einer Wahrscheinlichkeit von 0,65 genau in der Mitte. Mit welcher Wahrscheinlichkeit trifft er bei 200 Schüssen die Mitte
a) genau 120-mal,
b) höchstens 120-mal,
c) öfter als 120-mal,
d) 110- bis 130-mal?

**132.** Wie oft muß der Schütze aus Aufgabe 131 mindestens schießen, um mit einer Wahrscheinlichkeit von mindestens 95 % mindestens einmal in die Mitte zu treffen?

**133.** Aus einer Urne mit 10 roten, 7 schwarzen und 3 weißen Kugeln werden nacheinander mit Zurücklegen 4 Kugeln gezogen. Mit welcher Wahrscheinlichkeit ist
a) die erste Kugel rot,
b) nur die erste Kugel rot,
c) genau eine Kugel rot,
d) höchstens eine Kugel rot,
e) mindestens eine Kugel rot,
f) eine Kugel rot, eine weiß und zwei schwarz?

**134.** Aus einer Urne mit 12 roten und 8 weißen Kugeln werden nacheinander mit Zurücklegen 40 Kugeln entnommen. Mit welcher Wahrscheinlichkeit sind
a) mehr als die Hälfte rot,
b) höchstens die Hälfte rot,
c) 15 bis 25 rot,
d) genau 25 rot?

**135.** Ein Schüler hat eine "Krankheitsquote" von 20 %, d. h. er versäumt gleichmäßig in allen Fächern 20 % des Unterrichts (vorzeitige Einführung der 4-Tage-Woche). Mit welcher Wahrscheinlichkeit fehlt er von den in einem Semester gehaltenen 50 Grundkursstunden (in einem dreistündigen Fach)
a) genau 8 Stunden,
b) höchstens 8 Stunden,
c) mehr als 8 Stunden,
d) 8 bis 16 Stunden?

**136.** Frau Iks steht im Berufsleben und hat daher nur eine Krankheitsquote von 5 % (vergleiche Aufgabe 135). Mit welcher Wahrscheinlichkeit fehlt sie innerhalb eines Jahres (200 Arbeitstage; Feiertage und Urlaub sind bereits abgezogen)
a) genau 7 Tage,
b) weniger als 7 Tage,
c) 7 bis 15 Tage?

**137.** Bei einer Prüfung mit 50 Fragen sind zu jeder Frage vier Antworten gegeben, von denen nur jeweils eine richtig ist. Der Kollegiat Job hat keine Zeit gefunden sich vorzubereiten und kreuzt daher wahllos an. Mit welcher Wahrscheinlichkeit "beantwortet" er
a) genau 12 Fragen richtig,
b) höchstens 12 Fragen richtig,
c) mehr als 12 Fragen richtig,
d) mehr als die Hälfte aller Fragen und besteht so die Prüfung?

**138.** In jedem Mathematikgrundkurs gibt es bessere und nicht so gute Kollegiaten. Kollegiat Schlau weiß die Antwort auf eine Frage mit 70 % Wahrscheinlichkeit, Kollegiat Faul nur mit 20 % Wahrscheinlichkeit.
a) Mit welcher Wahrscheinlichkeit beantwortet Kollegiat Schlau mindestens vier von fünf Fragen richtig?
b) Wie viele Fragen müssen Kollegiat Faul mindestens gestellt werden, damit er mit einer Wahrscheinlichkeit von mindestens 80 % mindestens eine Frage richtig beantwortet?

**139.** Es werden zufällig nacheinander 100 Ziffern aufgeschrieben. Mit welcher Wahrscheinlichkeit befindet sich darunter die Ziffer 3
a) genau 7-mal,
b) mehr als 7-mal,
c) 7- bis 27-mal?

**140.** Ein Kurs wird von 18 Schülern (6 Mädchen, 12 Buben) besucht. Jede Stunde wird ausgelost, wer Tafeldienst hat. Mit welcher Wahrscheinlichkeit trifft das Los in einem Monat (25 Stunden)
a) nur Buben
b) nur Mädchen,
c) genau 10mal ein Mädchen,
d) höchstens 10mal ein Mädchen,
e) öfter Mädchen als Buben?

**141.** 15 % aller Menschen sind Linkshänder. Mit welcher Wahrscheinlichkeit findet man unter 100 Leuten
a) genau 25 Linkshänder,
b) weniger als 25 Linkshänder,
c) 10 bis 30 Linkshänder?

**142.** 75 % aller Frauen machen Handarbeiten. Mit welcher Wahrscheinlichkeit findet man unter 50 Frauen
a) genau 10, die handarbeiten,
b) mindestens 40, die handarbeiten,
c) 10 bis 40, die handarbeiten?

**143.** Wie viele Frauen muß man mindestens befragen, um mit einer Wahrscheinlichkeit von mehr als 99 % mindestens eine zu finden, die handarbeitet (vergleiche Aufgabe 142).

**144.** Ein Glücksrad ist in 5 gleiche Sektoren aufgeteilt, die in verschiedenen Farben lackiert sind. Nur wenn ein feststehender Pfeil nach dem Drehen des Rads auf das rote Feld zeigt, gewinnt der Spieler. Mit welcher Wahrscheinlichkeit gewinnt er bei 20 Spielen

a) kein einziges Mal,
b) mindestens einmal,
c) 7- bis 13mal?

**145.** Ein Glücksrad hat Sektoren mit den Aufschriften 1, 2, 3, 4, wobei die Größe des Sektors proportional zur Zahl ist. Nur wenn ein feststehender Pfeil nach dem Drehen des Rads auf das Feld mit der Aufschrift 1 zeigt, gewinnt der Spieler. Mit welcher Wahrscheinlichkeit gewinnt er bei 100 Spielen
a) genau 20mal,
b) höchstens 20mal,
c) mehr als 20mal,
d) 10- bis 30mal?

**146.** Wie oft muß man mit dem Glücksrad von Aufgabe 145 mindestens spielen, um mit mindestens 95 % Wahrscheinlichkeit mindestens einmal zu gewinnen?

**147.** Ein Geschäft erhält eine Lieferung von 2000 Glühbirnen, darunter 300 matte. Mit welcher Wahrscheinlichkeit befinden sich unter 100 nacheinander mit Zurücklegen entnommenen Glühbirnen
a) genau 13 matte,
b) weniger als 3 matte,
c) 3 bis 13 matte?

**148.** Wie viele Glühbirnen müssen aus der Lieferung von Aufgabe 147 mindestens entnommen werden, um mit mehr als 99 % Wahrscheinlichkeit mindestens eine matte Glühbirne zu erhalten?

**149.** Eine Firma stellt Heizkörper her, von denen erfahrungsgemäß 2 % defekt sind. Mit welcher Wahrscheinlichkeit findet man unter 100 nacheinander mit Zurücklegen entnommenen Heizkörpern
a) keinen defekten,
b) genau 4 defekte,
c) mehr als 4 defekte,
d) 1 bis 4 defekte?

# 10. Testen von Hypothesen

Hier geht es nicht – wie in den vorigen Kapiteln – darum die Wahrscheinlichkeit von Ereignissen zu berechnen.

Über die Wahrscheinlichkeit eines bestimmten Ereignisses gibt es vielmehr nur Vermutungen ("**Hypothesen**"). Diese Hypothesen sollen auf Grund einer "**Stichprobe**" und einer ebenfalls vorgegebenen "**Entscheidungs-Regel**" angenommen oder abgelehnt werden. Zu berechnen sind die Wahrscheinlichkeiten, mit denen man eine Hypothese ablehnt, obwohl sie wahr ist ("**Irrtumswahrscheinlichkeit**").

Die "**Stichprobe**" wird – solange nicht ausdrücklich anderes angegeben ist – immer nacheinander mit Zurücklegen entnommen.

Man unterscheidet zwischen "**Alternativtest**" (siehe Beispiel 1) und "**Signifikanztest**" (siehe Beispiel 2 und 3).

## Alternativtest

Bei diesem Test sind zwei Hypothesen (Alternativen) vorgegeben. Das Ereignis E besitzt entweder die Wahrscheinlichkeit $p_1$ oder die Wahrscheinlichkeit $p_2$. Aufgrund einer Stichprobe (mit vorgegebener Länge) und einer ebenfalls vorgegebenen Entscheidungsregel hält man dann entweder $p_1$ oder $p_2$ für wahr. Diese Entscheidung für eine der beiden Hypothesen kann richtig oder falsch sein.

*Beispiel 1:*

In einer Urne befinden sich rote und weiße Kugeln. Der Anteil der roten Kugeln beträgt entweder 20 % oder 70 %. Befinden sich in einer Stichprobe der Länge 10 höchstens 4 rote Kugeln, entscheidet man sich für die Hypothese $p_1 = 20$ % (und damit gegen die Hypothese $p_2 = 70$ %). Befinden sich in der Stichprobe mehr als 4 rote Kugeln, entscheidet man sich für die Hypothese $p_2 = 70$ % (und damit gegen die Hypothese $p_1 = 20$ %).

| | für $p_1$ bei 0 .... 4 | für $p_2$ bei 5 ... 10 | rote Kugeln |
|---|---|---|---|
| $p_1 = 20$ % | richtige Entscheidung | falsche Entscheidung | |
| $p_2 = 70$ % | falsche Entscheidung | richtige Entscheidung | |

Die Wahrscheinlichkeit bei einem Alternativtest die Hypothese $p_1$ abzulehnen, obwohl sie wahr ist, nennt man **"Irrtumswahrscheinlichkeit 1. Art"** oder **"Fehler 1. Art"** oder **"α-Fehler"**.
Die Wahrscheinlichkeit bei einem Alternativtest die Hypothese $p_2$ abzulehnen, obwohl sie wahr ist, nennt man **"Irrtumswahrscheinlichkeit 2. Art"** oder **"Fehler 2. Art"** oder **"β-Fehler"**.

Welche Hypothese als $p_1$ bzw. $p_2$ angesehen wird, bleibt natürlich jedem selbst überlassen.

Im Beispiel 1 gilt:

$$P(\alpha) = \sum_{i=5}^{10} B(10; 0,2; i) = 1 - \sum_{i=0}^{4} B(10; 0,2; i) =$$
$$= 1 - 0,96721 = 0,03279$$

Mit 3,3 % Wahrscheinlichkeit wird die Hypothese $p_1 = 20$ % abgelehnt, obwohl sie wahr ist.

$$P(\beta) = \sum_{i=0}^{4} B(10; 0,7; i) = 1 - 0,95265 = 0,04735$$

Mit 4,7 % Wahrscheinlichkeit wird die Hypothese $p_2 = 70$ % abgelehnt, obwohl sie wahr ist.

## Signifikanztest

Bei diesem Test ist nur eine Hypothese (Nullhypothese) vorgegeben. Das Ereignis E besitzt die Wahrscheinlichkeit $p_0$ oder eben nicht (d. h. es besitzt irgendeine andere Wahrscheinlichkeit $p \neq p_0$). Aufgrund einer Stichprobe (mit vorgegebener Länge) und ebenfalls vorgegebener Entscheidungsregel hält man dann $p_0$ für wahr oder nicht. Diese Entscheidung kann richtig oder falsch sein.

*Beispiel 2:*

In einer Urne befinden sich rote und weiße Kugeln. Man vermutet, der Anteil der roten Kugeln betrage 10 %. Befinden sich in einer Stichprobe der Länge10 höchstens 2 rote Kugeln, so stimmt man für die Hypothese $p_0 = 10\ \%$. Befinden sich in der Stichprobe mindestens 3 rote Kugeln, so lehnt man die Hypothese $p_0 = 10\ \%$ ab.

| | für $p_0$ bei<br>0 .... 2 | gegen $p_0$ bei<br>3 ... 10 | rote Kugeln |
|---|---|---|---|
| $p_0 = 10\ \%$ | richtige Entscheidung | falsche Entscheidung | |
| $p_0 \neq 10\ \%$ | falsche Entscheidung | richtige Entscheidung | |

*Beispiel 3:*

In einer Urne befinden sich rote und weiße Kugeln. Man vermutet, der Anteil der roten Kugeln betrage 50 %. Befinden sich in einer Stichprobe der Länge 10 mindestens 3 und höchstens 7 rote Kugeln, so stimmt man für die Hypothese $p_0 = 50\ \%$. Befinden sich in der Stichprobe weniger als 3 oder mehr als 7 rote Kugeln, so lehnt man die Hypothese $p_0 = 50\ \%$ ab.

| | gegen $p_0$ bei<br>0 .... 2; 8 ... 10 | für $p_0$ bei<br>3 ... 7 | rote Kugeln |
|---|---|---|---|
| $p_0 = 50\ \%$ | falsche Entscheidung | richtige Entscheidung | |
| $p_0 \neq 50\ \%$ | richtige Entscheidung | falsche Entscheidung | |

Das Beispiel 2 und das Beispiel 3 unterscheiden sich durch die Nullhypothesen (10 % bzw. 50 %) und damit auch durch ihre Entscheidungsregeln. In Beispiel 2 ist der Ablehnungsbereich für $p_0$ zusammenhängend (3 ... 10 rote Kugeln), in Beispiel 3 aber zweigeteilt (0 ... 2; 8 ... 10 rote Kugeln). Man spricht daher von einem **einseitigen** (Beispiel 2) bzw. von einem **zweiseitigen** (Beispiel 3) Signifikanztest.

Die Wahrscheinlichkeit bei einem Signifikanztest die Hypothese $p_0$ abzulehnen, obwohl sie wahr ist, nennt man "**Irrtumswahrscheinlichkeit 1. Art**" oder "**Fehler 1. Art**" oder "**$\alpha$-Fehler**" oder "**Signifikanzniveau**".

Die Wahrscheinlichkeit bei einem Signifikanztest die Hypothese $p_0$ anzunehmen, obwohl sie nicht wahr ist (also $p \neq p_0$ gilt), nennt man "**Irrtumswahrscheinlichkeit 2. Art**" oder "**Fehler 2. Art**" oder "**$\beta$-Fehler**".

Da die Bedingung $p \neq p_0$ unendlich viele mögliche Wahrscheinlichkeiten aus [0; 1] umfaßt, kann und muß dieser Fehler nicht ausgerechnet werden!

Im Beispiel 2 gilt:

$$P(\alpha) = \sum_{i=3}^{10} B(10; 0{,}1; i) = 1 - \sum_{i=0}^{2} B(10; 0{,}1; i) =$$
$$= 1 - 0{,}92981 = 0{,}07019$$

Mit 7,02 % Wahrscheinlichkeit wird die Hypothese $p_0 = 10$ % abgelehnt, obwohl sie wahr ist.

Im Beispiel 3 gilt:

$$P(\alpha) = \sum_{i=0}^{2} B(10; 0{,}5; i) + \sum_{i=8}^{10} B(10; 0{,}5; i) =$$
$$= \sum_{i=0}^{2} B(10; 0{,}5; i) + 1 - \sum_{i=0}^{7} B(10; 0{,}5; i) =$$
$$= 0{,}05469 + 1 - 0{,}94531 = 0{,}10938$$

Mit 10,9 % Wahrscheinlichkeit wird die Hypothese $p_0 = 50$ % abgelehnt, obwohl sie wahr ist.

VORSICHT

Es ist genau darauf zu achten, daß Hypothese und Entscheidungsregel zusammenstimmen!
Sind Vermutungen über den Anteil der **roten** Kugeln angesprochen, so muß auch die Entscheidungsregel eine Aussage über die Anzahl der **roten** Kugeln in der Stichprobe machen!
Vergleiche auch Aufgabe 153 (defekt – in Ordnung)

## Andere Aufgabenstellung

Außer den/der Hypothese(n) und der Stichprobenlänge ist auch eine obere Grenze für die Irrtumswahrscheinlichkeit vorgegeben. Zu bestimmen ist nun eine Entscheidungsregel, bei der die Irrtumswahrscheinlichkeit diese obere Grenze nicht überschreitet. Durch Suchen in der Tabelle (**nichts** rechnen!) läßt sich die entsprechende Entscheidungsregel angeben. Vergleiche auch Aufgaben 154, 158, 162 b.

## Aufgaben

**150.** In einer Urne befinden sich 30 % oder 60 % rote Kugeln. Enthält eine Stichprobe der Länge 10 mindestens zur Hälfte rote Kugeln, so entscheidet man sich für 60 %, sonst für 30 %. Berechnen Sie die Irrtumswahrscheinlichkeiten!

**151.** In einer Urne befinden sich 40 Kugeln, von denen 30 % oder 60 % rot sind. Man entnimmt **gleichzeitig** sechs Kugeln und entscheidet sich für 60 %, wenn mindestens die Hälfte der Kugeln rot ist; sonst für 30 %. Berechnen Sie die Irrtumswahrscheinlichkeiten!

**152.** Herr Zweifel will nicht glauben, daß der vorgelegte Würfel tatsächlich ein Laplace-Würfel ist. Er erklärt sich jedoch bereit, sein abschließendes Urteil von einem Test abhängig zu machen. Er erkennt die Laplace-Eigenschaft an, wenn er bei 200 Würfen mindestens 20- und höchstens 46mal die Augenzahl 6 erzielt. Mit welcher Wahrscheinlichkeit weist Herr Zweifel die Behauptung "es ist ein Laplace-Würfel" zu unrecht zurück?

**153.** An eine Werkstatt werden Schachteln mit Schrauben geliefert. Ein Teil davon enthält 1. Qualität, das sind Schrauben, von denen nur 10 % die vorgeschriebenen Maßtoleranzen nicht einhalten. Die restlichen Schachteln enthalten 2. Qualität mit einem Ausschußanteil von 40 %. Die Lieferfirma hat vergessen, die Schachteln zu kennzeichnen. Jeder Schachtel wird daher eine Stichprobe der Länge 5 entnommen. Sind alle bis auf höchstens eine Schraube der Stichprobe in Ordnung, so soll der Schachtelinhalt als 1. Qualität behandelt werden. Wie groß sind die Irrtumswahrscheinlichkeiten?

**154.** Wie muß die Entscheidungsregel aus Aufgabe 153 verändert werden, damit die Wahrscheinlichkeit, Schachteln mit Schrauben 2. Qualität für 1. Qualität zu halten, kleiner als 10 % ist? Wie groß ist dann die Wahrscheinlichkeit, Schachteln mit Schrauben 1. Qualität für 2. Qualität zu halten?

**155.** Der Hersteller von Gummibällen behauptet, daß der Ausschußanteil 10 % beträgt. Als Lieferbedingung wird vereinbart: Eine Sendung von 50 Stück wird nur dann angenommen, wenn sich bei 4 **gleichzeitig** entnommen Bällen nicht mehr als ein Ausschußstück befindet. Mit welcher Wahrscheinlichkeit wird eine Sendung zurückgewiesen, obwohl der Ausschußanteil 10 % beträgt?

**156.** Jemand kauft ein Tetraeder, das auf seinen Seiten die Zahlen 1, 2, 3, 4 trägt. Um zu untersuchen, ob es sich um ein Laplace-Tetraeder handelt, macht er 100 Würfe. Tritt die 1 dabei mehr als 20- und höchstens 30-mal auf, so erkennt er die Laplace-Eigenschaft an. Wie groß ist die Wahrscheinlichkeit, daß er das Tetraeder zurückgibt, obwohl es ein Laplace-Tetraeder ist?

**157.** Frau Selbermach hat die Meldung "75 % aller Frauen machen wieder Handarbeiten" auf die Idee gebracht, ein Wollgeschäft zu eröffnen. Da sie kein Risiko eingehen will, beschließt sie, zunächst eine Umfrage zu starten, um sich über den Wahrheitsgehalt der Meldung im klaren zu sein. Sie will 100 Frauen befragen, ob sie handarbeiten, und sich nur dann für die Eröffnung ihres Ladens einsetzen, wenn mindestens 70 dies bejahen. Mit welcher Wahrscheinlichkeit eröffnet sie das Geschäft nicht, obwohl die Meldung der Wahrheit entspricht?

**158.** Wie muß die Entscheidungsregel aus Aufgabe 157 verändert werden, damit die Wahrscheinlichkeit, das Geschäft trotz wahrer Meldung nicht zu eröffnen, kleiner als 5 % ist?

**159.** Auf einem Wies'n-Schießstand befindet sich ein sehr gutes Gewehr mit einer Trefferwahrscheinlichkeit von 90 % beim richtigen Visieren, während die übrigen Gewehre eine geringere Trefferwahrscheinlichkeit von nur 50 % besitzen. Durch ein Versehen wurden die Gewehre durcheinander gebracht, so daß rein äußerlich nicht mehr festzustellen ist, welches Gewehr die hohe Trefferwahrscheinlichkeit besitzt. Der Standlinhaber wählt ein Gewehr aus, gibt mit einer exakten Schießvorrichtung, die genaues Visieren garantiert, 10 Schüsse ab und trifft folgende Entscheidung: Bei mindestens 8 Treffern nimmt er an, daß es sich um das gute Gewehr handelt. Berechnen Sie die Irrtumswahrscheinlichkeiten!

**160.** Herr Schaulang hat den Auftrag, die Glücksspiele auf der Wies'n auf ihre Korrektheit hin zu überprüfen. Um die Regelmäßigkeit eines in fünf gleich große Sektoren unterteilten Glücksrads zu untersuchen beobachtet er 200 Spiele. Er erkennt das Rad nur dann als korrekt an, wenn jeder Sektor öfter als 25- und weniger als 54-mal erscheint. Mit welcher Wahrscheinlichkeit beanstandet er das Glücksrad zu unrecht?

**161.** Ein Papierfabrikant bietet der Schule zu einem günstigen Pauschalpreis ein umfangreiches Sortiment an liniertem und kariertem Schulaufgabenpapier aus Restbeständen an. Die Schule ist interessiert, falls der Anteil des karierten Papiers ein Fünftel der Gesamtmenge beträgt. Dies wird vom Fabrikanten zugesagt. Trotzdem macht die Schule die Annahme der Sendung von einer Stichprobe aus 20 Packungen abhängig. Die Lieferung darf von der Schule zurückgewiesen werden, wenn in der Stichprobe mindestens 9 karierte Packungen sind.

a) Wie groß ist die Wahrscheinlichkeit, daß die Schule ein vereinbarungsgemäßes Angebot ablehnt?

b) Mit welcher Wahrscheinlichkeit nimmt die Schule eine Sendung an, in der gleich viel liniertes und kariertes Papier enthalten ist?

**162.** Der Einzelhändler Apfel ist nur dann bereit, den vereinbarten Preis für eine Obstlieferung zu bezahlen, wenn nur 15 % der Früchte verdorben sind. Beträgt der Ausschußanteil 25 %, so fordert er vom Großhändler Mela Preisnachlaß. Zur Feststellung der Qualität vereinbaren sie folgenden Test: Sind in einer Stichprobe von 50 Früchten weniger als 5 verdorben, so entscheiden sie auf 15 % Ausschuß.

a) Mit welcher Wahrscheinlichkeit muß der Großhändler Mela einen ungerechtfertigten Preisnachlaß gewähren?

b) Welche Entscheidungsregel ist zu wählen, damit der Großhändler Mela mit höchstens 50 % Wahrscheinlichkeit einen ungerechtfertigten Preisnachlaß gewähren muß?

# Lösungen

## Ergebnisraum

**1.** **a)** $\Omega = \{11; 12; 13; 14; 21; 22; 23; 24; 31; 32; 33; 34; 41; 42; 43; 44\}$

**b)** $\Omega = \{\quad 12; 13; 14; 21; \quad 23; 24; 31; 32; \quad 34; 41; 42; 43; \quad\}$

**c)** $\Omega = \{♣; ♠; ♥; ♦\}$

**d)** $\Omega = \{7; 8; 9; 10; B; D; K; A\}$

**e)** $\Omega = \{$KK1; KK2; KK3; KK4; KK5; KK6;
KZ1; KZ2; KZ3; KZ4; KZ5; KZ6;
ZK1; ZK2; ZK3; ZK4; ZK5; ZK6;
ZZ1; ZZ2; ZZ3; ZZ4; ZZ5; ZZ6$\}$

**f)** $\Omega = \{$rrr; rrw; rwr; wrr; rww; wrw; wwr$\}$

**g)** $\Omega = \{$rrr; rrw; rwr; wrr; rww; wrw; wwr; www$\}$

**h)** $\Omega = \{$ab; ac; ad; ae; bc; bd; be; cd; ce; de$\}$

**i)** $\Omega = \{$AF; AG; AH; AI; BF; BG; BH; BI; CF; CG; CH; CI;
DF; DG; DH; DI; EF; EG; EH; EI$\}$

**j)** $\Omega = \{$A4B0; A3B1; A2B2; A1B3; A0B4$\}$

**2. a)**

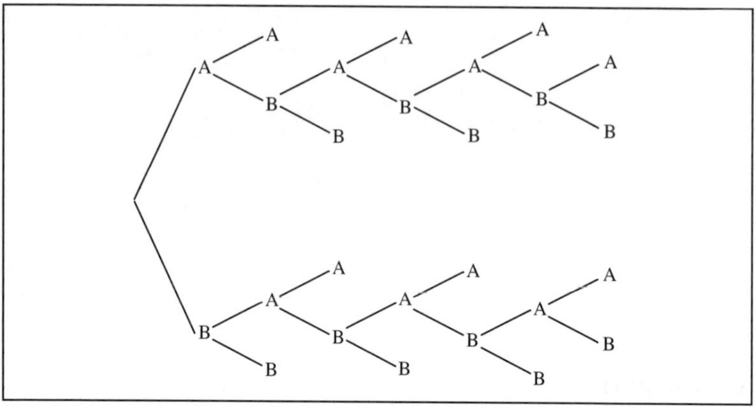
A
B
A
B
A
B
A
B
A
B
A
B
A
B
A
B
A
B
A
B
A
B
A
B

**b)**

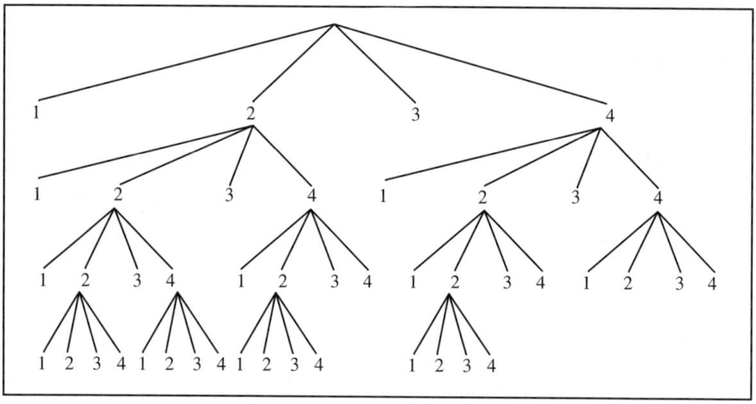
1
2
3
4
1
2
3
4
1
2
3
4
1
2
3
4
1
2
3
4
1
2
3
4
1
2
3
4
1
2
3
4
1
2
3
4
1
2
3
4
1
2
3
4

**c)**

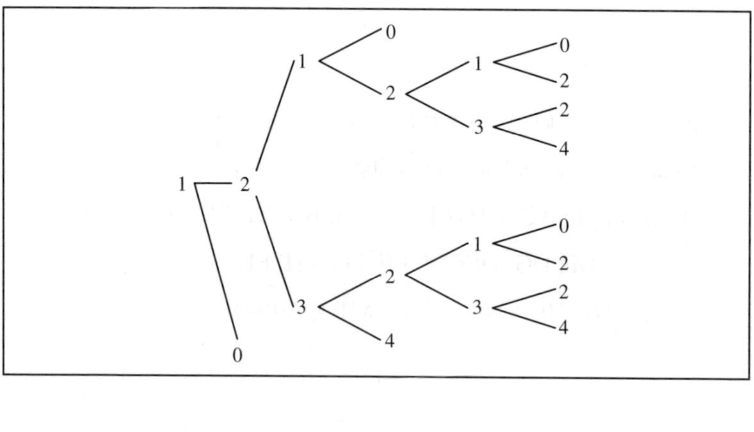
1
2
0
1
3
0
2
4
1
3
2
1
3
0
2
2
4
0
2
2
4

**3.** $E_1 = \{61; 62; 63; 64; 65; 66\}$
$E_2 = \{11; 13; 15; 31; 33; 35; 51; 53; 55\}$
$E_3 = \{22; 24; 26; 32; 34; 36; 52; 54; 56\}$
$E_4 = \{22; 24; 26; 32; 34; 36; 52; 54; 56; 42; 62; 23; 43; 63; 25; 45; 65\}$
$E_5 = \{13; 31; 22\}$
$E_6 = \{46; 64; 55; 56; 65; 66\}$
$E_7 = \{\ \}$
$E_8 = \{11; 12; 21\}$

**4.** $E_1 = \{312; 321; 314; 341; 324; 342; 412; 421; 413; 431; 423; 432\}$
$E_2 = \{123; 132; 124; 142; 134; 143\}$
$E_3 = \{123; 132; 213; 231; 312; 321; 234; 243; 324; 342; 423; 432\}$
$E_4 = \{\ \}$
$E_5 = E_1 \cap E_3 = \{312; 321; 324; 342; 423; 432\}$
$E_6 = E_1 \cup E_3 = \{312; 321; 314; 341; 324; 342; 412; 421; 413; 431; 423;$
$432; 123; 132; 213; 231; 234; 243\}$
$E_7 = (E_1 \backslash (E_1 \cap E_3)) \cup (E_3 \backslash (E_1 \cap E_3)) = \{314; 341; 412; 421; 413; 431\}$
$\cup \{123; 132; 213; 231; 234; 243\} =$
$= \{123; 132; 213; 231; 234; 243; 314; 341; 412; 421; 413; 431\}$

**5.** $E_1 = \{♥♥\}$
$E_2 = \{♥♥; ♣♣; ♠♠; ♦♦\}$
$E_3 = \{♥♠; ♠♥\}$
$E_4$: "die 1. Karte Herz"
$E_5$: "entweder die 1. Karte oder die 2. Karte Herz"
Anm: nur "oder" genügt nicht, da ♥♥ $\notin E_5$!
$E_6$: "1. Karte rot, 2. Karte schwarz"
$E_7$: "beide Karten rot"

**6.** $E_1 = \{ABC; ABD; ABE; ACD; ACE; ADE\}$
$E_2 = \{ACE\}$
$E_3 = \{ABC; ABE; BCE; ACD; ADE; CDE\}$
$E_4 = \{ABC; ABE; BCE; ACD; ADE; CDE; ACE\}$
$E_5 = \{ABD; BCD; BDE; ACE\}$

**7.** $E_1$ = {rrrr; wrrr; rrwr; rrrw; wrwr; wrrw; rrww; wrww}
$E_2$ = {wrww}
$E_3$ = {rrww; rwrw; wrrw; rwwr; wrwr; wwrr; rrrw; rrwr; rwrr; wrrr; rrrr} = $\{\overline{\text{wwww; rwww; wrww; wwrw; wwwr}}\}$
$E_4$ = $\{\overline{\text{wwww}}\}$
$E_5$ = {wwww; rwww; wrww; wwrw; wwwr}
$E_6$ = {rrww; rrrw; rrwr; wwrr; wrrr; rwrr}
$E_7$ = {rrww; rrrw; rrwr; wwrr; wrrr; rwrr; rrrr}
$E_8$ = {rrrr}
$E_9$ = "die 1. und die 3. Kugel sind rot"
$E_{10}$ = "mindestens 1 Kugel ist weiß"
$E_{11}$ = "nur die drei ersten Kugeln sind rot"
$E_{12}$ = "die drei ersten Kugeln sind rot"
$E_{13}$ = "mindestens 3 Kugeln sind rot"

**8.** $E_1$ = {123; 134; 135; 136; 234; 235; 236; 345; 346; 356}
$E_2$ = {126; 136; 146; 156}
$E_3$ = {123; 124; 125; 134; 135; 145; 236; 246; 256; 346; 356; 456}
$E_4$ = {124; 134; 135; 136; 145; 146; 156; 234; 245; 246; 345; 346; 356; 456}
$E_5$ = {123; 124; 126; 134; 135; 136; 145; 146; 156; 234; 236; 246; 345; 346; 356; 456}

**9.** **a)** $$\frac{n!}{(n-1)!} = \frac{n \cdot (n-1) \cdot (n-2) \cdot \ldots \cdot 2 \cdot 1}{(n-1) \cdot (n-2) \cdot \ldots \cdot 2 \cdot 1} = n$$

**b)** $$\frac{(n+2)!}{n!} = \frac{(n+2) \cdot (n+1) \cdot n \cdot (n-1) \cdot \ldots \cdot 2 \cdot 1}{n \cdot (n-1) \cdot \ldots \cdot 2 \cdot 1} = (n+2)(n+1)$$

**c)** $$\frac{(n+1)!}{(n-1)!} = \frac{(n+1) \cdot n \cdot (n-1) \cdot (n-2) \cdot \ldots \cdot 2 \cdot 1}{(n-1) \cdot (n-2) \cdot \ldots \cdot 2 \cdot 1} = (n+1) \cdot n$$

**10.** **a)** $\text{l. S.} = \binom{n+1}{k} = \frac{(n+1)!}{k!(n+1-k)!}$

$\text{r. S.} = \binom{n}{k-1} + \binom{n}{k} = \frac{n!}{(k-1)!(n-k+1)!} + \frac{n!}{k!(n-k)!}$

$= \frac{n! \cdot k + n!(n-k+1)}{k!(n-k+1)!} =$

$= \frac{k \cdot n! + n \cdot n! - k \cdot n! + n!}{k!(n-k+1)!} =$

$= \frac{n \cdot n! + n!}{k!(n-k+1)!} = \frac{n!(n+1)}{k!(n-k+1)!} = \frac{(n+1)!}{k!(n-k+1)!}$

l. S. = r. S.

**b)** $\text{l. S.} = k \cdot \binom{n}{k} = \frac{k \cdot n!}{k!(n-k)!} = \frac{n!}{(k-1)!(n-k)!}$

$\text{r. S.} = n \cdot \binom{n-1}{k-1} = \frac{n \cdot (n-1)!}{(k-1)! \cdot (n-1-k+1)!} = \frac{n!}{(k-1)!(n-k)!}$

l. S. = r. S.

**11.** Hunderterstelle: 6; 7; 8; 9
Zehnerstelle: 0; 1; 2; 3; 4; 5; 6; 7; 8; 9
Einerstelle: 0; 5

$|E| = 4 \cdot 10 \cdot 2 = 80$

**12.** Tausenderstelle: 3
Hunderterstelle: 2; 3; 5; 7
Zehnerstelle: 2; 3; 5; 7
Einerstelle: 0; 1; 2; 3; 4; 5; 6; 7; 8; 9

$|E| = 1 \cdot 4 \cdot 4 \cdot 10 = 160$

**13.** $|E| = 17 \cdot 13 \cdot 9 = 1989$

**14.** $|E| = 3 \cdot 5 \cdot 2 = 30$

**In den Lösungen einiger Aufgaben taucht der Faktor $\binom{n}{0}$ auf.**

**Da $\binom{n}{0}$ = 1 ist, kann dieser Faktor selbstverständlich weggelassen werden. Er soll nur zum besseren Verständnis der Lösung beitragen.**

**15. a)** $|\Omega| = \dfrac{5!}{(5-3)!} = 5 \cdot 4 \cdot 3 = 60$

**b)** $|E| = \dfrac{4!}{(4-2)!} \cdot 1 = 4 \cdot 3 \cdot 1 = 12$

Letzte Ziffer muß 5 sein.

**c)** $|E| = 3 \cdot \dfrac{4!}{(4-2)!} = 3 \cdot 4 \cdot 3 = 36$

Erste Ziffer kann 1, 3 oder 5 sein.

**16. a)** $|\Omega| = 5^3 = 125$

**b)** $|E| = 5^2 \cdot 1 = 25$

Letzte Ziffer muß 5 sein.

**c)** $|E| = 3 \cdot 5^2 = 75$

Erste Ziffer kann 1, 3 oder 5 sein.

**17. a)** $|\Omega| = 9 \cdot \dfrac{9!}{(9-4)!} = 9 \cdot 9 \cdot 8 \cdot 7 \cdot 6 = 27\,216$

Erste Ziffer darf nicht 0 sein, da es sich sonst nicht um eine fünfstellige Zahl handelt.

**b)** $|E| = 9 \cdot 8 \cdot 7 \cdot 6 \cdot 1 \;+\; 8 \cdot 8 \cdot 7 \cdot 6 \cdot 4 = 13\,776$

Zahlen mit 0 am Ende + Zahlen mit 2, 4, 6, 8 am Ende und 0 nicht an erster Stelle

**c)** $|E| = 9 \cdot 8 \cdot 7 \cdot 6 \cdot 1 + 8 \cdot 8 \cdot 7 \cdot 6 \cdot 1 = 5\,712$

Zahlen mit 0 am Ende + Zahlen mit 5 am Ende und 0 nicht an erster Stelle

**18.** **a)** $|\Omega| = 9 \cdot 10^4 = 90\,000$

Erste Ziffer darf nicht 0 sein, da es sich sonst nicht um eine fünfstellige Zahl handelt.

**b)** $|E| = 9 \cdot 10^3 \cdot 5 = 45\,000$

Erste Ziffer nicht 0; letzte Ziffer 2, 4, 6, 8 oder 0.

**c)** $|E| = 9 \cdot 10^3 \cdot 2 = 18\,000$

Erste Ziffer nicht 0; letzte Ziffer 5 oder 0.

**19.** **a)** $|\Omega| = \binom{10}{1}\binom{9}{2}\binom{7}{3}\binom{4}{4} = 12\,600$

oder:

$|\Omega| = \dfrac{10!}{1!2!3!4!}$

siehe Anwendungstricks (2) bzw. (3)

**b)** $|E| = \binom{9}{2}\binom{7}{3}\binom{4}{4} \cdot 1 = 1\,260$

oder:

$|E| = \dfrac{9!}{2!3!4!} \cdot 1$

Letzte Ziffer muß 2 sein.

**c)** $|E| = \binom{7}{1}\binom{6}{2}\binom{4}{2}\binom{2}{2} = 630$

oder:

$|E| = \dfrac{7!}{1!2!2!2!} = 630$

Nur noch 7 Stellen frei, die mit einmal 2, zweimal 3, zweimal 5 und zweimal 7 zu besetzen sind.

**20.** **a)** $|\Omega| = 4! = 24$

**b)** $|\Omega| = 6! = 720$

**c)** $|\Omega| = \binom{5}{1}\binom{4}{2}\binom{2}{2} = 30$

oder:

$|\Omega| = \frac{5!}{1!\,2!\,2!} = 30$

**d)** $|\Omega| = \binom{13}{2}\binom{11}{1}\binom{10}{2}\binom{8}{2}\binom{6}{1}\binom{5}{2}\binom{3}{3} = 64\,864\,800$

oder:

$|\Omega| = \frac{13!}{2!\,1!\,2!\,2!\,1!\,2!\,3!} = 64\,864\,800$

**21.** **a)** $|\Omega| = \frac{8!}{4!\,1!\,1!\,1!\,1!} = 1\,680$

**b)** $|E| = \frac{6!}{2!\,1!\,1!\,1!\,1!} = 360$

Es sind nur noch die 6 mittleren Stellen zu besetzen.

**c)** $|E| = \frac{6!}{3!\,1!\,1!\,1!} = 120$

Es sind nur noch die 6 mittleren Stellen zu besetzen.

**d)** $|E| = 5 \cdot 4! = 120$

5 für die 5 möglichen Positionen der vier E

4! für die Umstellmöglichkeiten der Buchstaben M, R, N, G

die möglichen Positionen der vier E sind

EEEE. . . . / . EEEE . . . / . . EEEE . . / . . . EEEE . / . . . . EEEE

**22.** **a)** $|\Omega| = \frac{9!}{(9-4)!} = 9 \cdot 8 \cdot 7 \cdot 6 = 3\,024$

**b)** $|E| = \frac{6!}{(6-4)!} = 6 \cdot 5 \cdot 4 \cdot 3 = 360$

**c)** $|E| = 6 \cdot 7 \cdot 6 \cdot 5 = 1\,260$

Zuerst die erste und die letzte Stelle besetzen.

**d)** $|E| = 3 \cdot 8 \cdot 7 \cdot 6 = 1\,008$

**e)** $|E| = (1 \cdot 8 \cdot 7 \cdot 6) \cdot 4 = 1\,344$

oder:

$|E| = 1 \cdot 8 \cdot 7 \cdot 6 + 8 \cdot 1 \cdot 7 \cdot 6 + 8 \cdot 7 \cdot 1 \cdot 6 + 8 \cdot 7 \cdot 6 \cdot 1 = 1\,344$

S kann 4 mögliche Plätze einnehmen.

**f)** $|E| = (1 \cdot 1 \cdot 7 \cdot 6) \cdot 3 = 126$

oder:

$|E| = 1 \cdot 1 \cdot 7 \cdot 6 + 1 \cdot 7 \cdot 1 \cdot 6 + 1 \cdot 7 \cdot 6 \cdot 1 = 126$

T an erster Stelle; S kann noch 3 mögliche Plätze einnehmen.

**g)** $|E| = (3 \cdot 2 \cdot 1 \cdot 6) \cdot 4 = 144$

oder:

$|E| = 3 \cdot 2 \cdot 1 \cdot 6 + 3 \cdot 2 \cdot 6 \cdot 1 + 3 \cdot 6 \cdot 2 \cdot 1 + 6 \cdot 3 \cdot 2 \cdot 1 = 144$

Der Konsonant kann 4 mögliche Plätze einnehmen.

**23. a)** $|\Omega| = \frac{26!}{(26-5)!} = 26 \cdot 25 \cdot 24 \cdot 23 \cdot 22 = 7\,893\,600$

**b)** $|E| = \binom{5}{3} \cdot \frac{21!}{(21-3)!} \cdot \frac{5!}{(5-2)!} = \binom{5}{3} \cdot 21 \cdot 20 \cdot 19 \cdot 5 \cdot 4 = 1\,596\,000$

$\binom{5}{3}$ um die Plätze für die Konsonanten (bzw. Vokale) zu bestimmen

$\frac{21!}{(21-3)!}$ für die Auswahl der Konsonanten

$\frac{5!}{(5-2)!}$ für die Auswahl der Vokale

**c)** $|E| = (1 \cdot \frac{25!}{(25-4)!}) \cdot 5 = (1 \cdot 25 \cdot 24 \cdot 23 \cdot 22) \cdot 5 = 1\,518\,000$

B kann 5 mögliche Plätze einnehmen.

**d)** $|E| = 1 \cdot \frac{24!}{(24-3)!} \cdot 1 = 1 \cdot 24 \cdot 23 \cdot 22 \cdot 1 = 12\,144$

**e)** $|E| = (1 \cdot \frac{24!}{(24-3)!} \cdot 1) \cdot 4 = (1 \cdot 24 \cdot 23 \cdot 22 \cdot 1) \cdot 4 = 48\,576$

B kann 4 mögliche Plätze einnehmen.

**f)** $|E| = (1 \cdot 1 \cdot \frac{24!}{(24-3)!}) \cdot 5 \cdot 4 = (1 \cdot 1 \cdot 24 \cdot 23 \cdot 22) \cdot 5 \cdot 4 = 242\,880$

A kann 5 mögliche, B dann noch 4 mögliche Plätze einnehmen.

**g)** $|E| = (1 \cdot 1 \cdot 1 \cdot \frac{23!}{(23-2)!}) \cdot 5 \cdot 4 \cdot 3 = (1 \cdot 1 \cdot 1 \cdot 23 \cdot 22) \cdot 5 \cdot 4 \cdot 3 =$

$= 30\,360$

A kann 5 mögliche, B dann noch 4 mögliche, C noch 3 mögliche Plätze einnehmen.

**24.** **a)** $|\Omega| = 6^7 = 279\,936$

**b)** $|E| = 6^6 \cdot 3 = 139\,968$

**c)** $|E| = 1 \cdot 6^5 \cdot 1 = 7\,776$

**d)** $|E| = 5^6 \cdot 1 = 15\,625$

Auf den ersten 6 Stellen darf keine 6 stehen.

**e)** $|E| = 7 \cdot (5^6 \cdot 1) = 109\,375$

Die 6 kann 7 verschiedene Plätze einnehmen.

**f)** $|E| = 6^7 - 5^7 = 201\,811$

Es gibt $5^7$ verschiedene Zahlen ohne eine einzige 6; subtrahiert man diese von allen möglichen Zahlen, so erhält man die Anzahl aller Zahlen mit mindestens einer 6 (siehe Kapitel "Ereignis" 5.)

Auch die sehr viel umständlichere Methode führt zum selben Ergebnis:

| | | | |
|---|---|---|---|
| Zahlen mit einer 6: | $1 \cdot 5^6 \cdot 7$ | = | 109 375 |
| Zahlen mit zwei 6: | $1 \cdot 1 \cdot 5^5 \cdot \binom{7}{2}$ | = | 65 625 |
| Zahlen mit drei 6: | $1^3 \cdot 5^4 \cdot \binom{7}{3}$ | = | 21 875 |
| Zahlen mit vier 6: | $1^4 \cdot 5^3 \cdot \binom{7}{4}$ | = | 4 375 |
| Zahlen mit fünf 6: | $1^5 \cdot 5^2 \cdot \binom{7}{5}$ | = | 525 |
| Zahlen mit sechs 6: | $1^6 \cdot 5 \cdot \binom{7}{6}$ | = | 35 |
| Zahl mit sieben 6: | $1^7$ | = | 1 |

$|E| = 109\,375 + 65\,625 + 21\,875 + 4\,375 + 525 + 35 + 1 = 201\,811$

Der Faktor $\binom{7}{k}$ bestimmt stets die möglichen Plätze der k-mal auftretenden 6.

**25.** **a)** $|\Omega| = 6 \cdot 2 \cdot 2 = 24$

siehe Aufgabe 1e

**b)** $|E| = 6 \cdot 2 \cdot 1 = 12$

erste Münze beliebig; zweite Münze wie die erste

oder:

$|E| = 6 \cdot 1 \cdot 1 + 6 \cdot 1 \cdot 1 = 12$

beide Münzen Kopf oder beide Münzen Zahl

**c)** $|E| = 2 \cdot 2 \cdot 2 = 8$

**d)** $|E| = 2 \cdot 2 \cdot 1 = 4$

oder:

$|E| = 2 \cdot 1 \cdot 1 + 2 \cdot 1 \cdot 1 = 4$

siehe b

**26. a)** 1. $|\Omega| = 6^3 = 216$

Man notiert immer in einer bestimmten Farbfolge.

2. $|\Omega| = 6^3 = 216$

Die Reihenfolge ergibt sich durch das "hintereinander".

**b)** $|E| = 6$

Gilt für alle beiden Wurfarten, da es sich in jedem Fall um die Ergebnisse 111; 222; 333; 444; 555; 666 handelt.

**c)** 1. $|E| = 3$
2. $|E| = 3$

Augensumme 4 kann nur erreicht werden, wenn zweimal 1 und einmal 2 erscheint (112; 121 und 211).

**27. a)** $|\Omega| = 6^5 = 7\,776$

**b)** $|E| = 3^5 = 243$

**c)** $|E| = 1^3 \cdot 5^2 \cdot \binom{5}{3} = 250$

Die drei 6 können $\binom{5}{3}$ verschiedene Plätze einnehmen.

**d)** $|E| = 6 \cdot (1^3 \cdot 5^2 \cdot \binom{5}{3}) = 1\,500$

Für die dreimal auftretende Augenzahl gibt es 6 Möglichkeiten.

**e)** $|E| = \binom{5}{2}\binom{3}{2}\binom{1}{1} = 30$

oder:

$|E| = \dfrac{5!}{2!2!1!} = 30$

siehe Anwendungstricks (2) bzw. (3)

**f)** $|E| = 6 \cdot 5 \cdot 4 \cdot 3 \cdot 2 = \dfrac{6!}{(6-5)!} = 720$

**g)** $|E| = 6^5 - (6 \cdot 5 \cdot 4 \cdot 3 \cdot 2) = 7\,056$

Man subtrahiert von allen möglichen Ergebnissen die, bei denen alle Augenzahlen verschieden sind (siehe Kapitel "Ereignis" 5.).

**h)** $|E| = 5 + 1 = 6$

Augensumme 29 ergibt sich durch viermal 6 und einmal 5 mit 5 möglichen Anordnungen; Augensumme 30 durch fünfmal 6.

**28.** **a)** $|\Omega| = 4^5 = 1\,024$

**b)** $|E| = 4 \cdot 1^4 = 4$

**c)** $|E| = 4 \cdot 4^3 \cdot 1 = 256$

erste Zahl beliebig; letzte Zahl wie erste
oder:
$|E| = 1 \cdot 4^3 \cdot 1 + 1 \cdot 4^3 \cdot 1 + 1 \cdot 4^3 \cdot 1 + 1 \cdot 4^3 \cdot 1$
erste und letzte Zahl 1 oder 2 oder 3 oder 4

**d)** $|E| = (1 \cdot 3^4) \cdot 5 = 405$

Die 1 kann an 5 verschiedenen Stellen stehen.

**e)** $|E| = 4^5 - 3^5 = 781$

Es gibt $3^5$ verschiedene Ergebnisse ohne eine einzige 1; subtrahiert man diese von allen möglichen Ergebnissen, erhält man die Anzahl der Ergebnisse, in denen mindestens einmal 1 auftritt (siehe Kapitel "Ereignis" 5.).

**f)** $|E| = \binom{5}{2} \cdot (1^2 \cdot 3^3) = 270$

$\binom{5}{2}$ für die möglichen Stellen der beiden 1
$1^2$ für die beiden 1
$3^3$ für die drei anderen Würfe

**g)** $|E| = 3^5 + (1 \cdot 3^4) \cdot 5 + \binom{5}{2} \cdot (1^2 \cdot 3^3) = 918$

"kein 1 oder genau ein 1 oder genau zwei 1"

**29.** **a)** $|\Omega| = \binom{32}{3} = 4\,960$

**b)** $|E| = \binom{4}{3}\binom{28}{0} = 4$

Man zerlegt das Kartenpaket in die 4 Buben und die 28 restlichen Karten und zieht dann 3 aus den Buben und keine aus den anderen Karten (siehe Anwendungstricks (4)).

**c)** $|E| = \binom{4}{0}\binom{28}{3} = 3\,276$

**d)** $|E| = \binom{4}{0}\binom{28}{3} + \binom{4}{1}\binom{28}{2} = 3\,276 + 1\,512 = 4\,788$

"Höchstens ein Bube" muß zerlegt werden in "kein Bube oder ein Bube".

**e)** $|E| = \binom{8}{3}\binom{24}{0} = 56$

Man zerlegt das Kartenpaket jetzt in die 8 Herzkarten und die 24 restlichen Karten.

**f)** $|E| = \binom{8}{2}\binom{24}{1} + \binom{8}{3}\binom{24}{0} = 672 + 56 = 728$

"Mindestens zwei Herz" muß zerlegt werden in "zwei Herz oder drei Herz".

**g)** $|E| = \binom{11}{0}\binom{21}{3} = 1\,330$

Man zerlegt das Kartenpaket in die 8 Herzkarten mit den 3 Buben (Karo, Pik, Kreuz; der Herzbube darf nicht doppelt gezählt werden!) und die 21 restlichen Karten.

**h)** $|E| = \binom{7}{3}\binom{25}{0} + \binom{3}{3}\binom{29}{0} = 35 + 1 = 36$

Bei den 3 Herz darf nicht der Herz**bube**, bei den drei Buben nicht der **Herz**bube gezogen werden (siehe Kapitel "Ereignis" 4.).

**i)** $|E| = \binom{4}{1}\binom{8}{3}\binom{24}{0} = 224$

Man sucht 1 aus den 4 Farben aus und entnimmt dann 3 aus den 8 Karten dieser Farbe.

**k)** $|E| = \binom{4}{3}\binom{8}{1}\binom{8}{1}\binom{8}{1}\binom{8}{0} = 2\,048$

Man sucht 3 aus den 4 Farben aus und entnimmt dann jeweils 1 aus den 8 Karten.

**l)** $|E| = \binom{8}{1}\binom{4}{3}\binom{28}{0} = 32$

Man sucht 1 aus den 8 Werten aus und entnimmt dann 3 aus den 4 Karten dieses Wertes.

**30.** **a)** $|\Omega| = 32 \cdot 31 \cdot 30 = \frac{32!}{(32-3)!} = 29\,760$

**b)** $|E| = 4 \cdot 3 \cdot 2 = \frac{4!}{(4-3)!} = 24$

**c)** $|E| = 28 \cdot 27 \cdot 26 = \frac{28!}{(28-3)!} = 19\,656$

**d)** $|E| = 28 \cdot 27 \cdot 26 + 4 \cdot 28 \cdot 27 \cdot 3 = 19\,656 + 9\,072 = 28\,728$

$4 \cdot 28 \cdot 27$ (also 1 Bube und 2 andere Karten) muß noch mit 3 multipliziert werden, da der Bube nicht als erstes gezogen werden muß, sondern 3 mögliche Plätze einnehmen kann.

**e)** $|E| = 8 \cdot 7 \cdot 6 = \frac{8!}{(8-3)!} = 336$

**f)** $|E| = 8 \cdot 7 \cdot 24 \cdot 3 + 8 \cdot 7 \cdot 6 = 4\,032 + 336 = 4\,368$

$8 \cdot 7 \cdot 24$ (also 2 Herz und 1 andere Karte) muß noch mit 3 multipliziert werden, da die andere Karte 3 mögliche Plätze einnehmen kann.

**g)** $|E| = 21 \cdot 20 \cdot 19 = \frac{21!}{(21-3)!} = 7\,980$

**h)** $|E| = 7 \cdot 6 \cdot 5 + 3 \cdot 2 \cdot 1 = 210 + 6 = 216$

**i)** $|E| = \binom{4}{1} \cdot 8 \cdot 7 \cdot 6 = 1\,344$

**k)** $|E| = 32 \cdot 24 \cdot 16 = 12\,288$ oder: $E = 4 \cdot 8 \cdot 3 \cdot 8 \cdot 2 \cdot 8 = 12\,288$

Erste Karte beliebig, zweite Karte aus den 24 Karten der drei noch nicht gezogenen Farben, dritte Karte aus den 16 Karten der beiden noch nicht gezogenene Farben.

**l)** $|E| = \binom{8}{1} \cdot 4 \cdot 3 \cdot 2 = 192$

Man beachte alle Hinweise in der Lösung der Aufgabe 29!
Die Ergebnisse von Aufgabe 29 liefern jeweils durch Multiplikation mit 6 die Ergebnisse von Aufgabe 30, da bei Aufgabe 30 auf die Reihenfolge geachtet werden muß und sich 3 Karten auf 3! = 6 Arten anordnen lassen.

**31.** **a)** $|\Omega| = 32^3 = 32\,768$

**b)** $|E| = 4^3 = 64$

**c)** $|E| = 28^3 = 21\,952$

**d)** $|E| = 28^3 + 4 \cdot 28^2 \cdot 3 = 21\,952 + 9\,408 = 31\,360$

**e)** $|E| = 8^3 = 512$

**f)** $|E| = 8^2 \cdot 24 \cdot 3 + 8^3 = 4\,608 + 512 = 5\,120$

**g)** $|E| = 21^3 = 9\,261$

**h)** $|E| = 7^3 + 3^3 = 343 + 27 = 370$

**i)** $|E| = \binom{4}{1} \cdot 8^3 = 2\,048$

**k)** $|E| = 32 \cdot 24 \cdot 16 = 12\,288$

**i)** $|E| = \binom{8}{1} \cdot 4^3 = 512$

Man beachte alle Hinweise in den Lösungen der Aufgaben 29 und 30!

**32.** **a)** $|\Omega| = \binom{32}{10}\binom{22}{10}\binom{12}{10}\binom{2}{2} = \dfrac{32!}{10!10!10!2!} = 2{,}75 \cdot 10^{15}$

Die Reihenfolge des Austeilens spielt hier keine Rolle, d. h. man kann auch zuerst den Skat ablegen oder ihn nach dem ersten oder zweiten Spieler bilden, da

$$\binom{32}{2}\binom{30}{10}\binom{20}{10}\binom{10}{10} = \binom{32}{10}\binom{22}{2}\binom{20}{10}\binom{10}{10} = \binom{32}{10}\binom{22}{10}\binom{12}{2}\binom{10}{10} =$$
$$= \frac{32!}{10!10!10!2!}$$

Das übliche Austeilen 3-4-3 an jeden Spieler ist nur ein nochmaliges Mischen der Karten und hat somit keinerlei Einfluß auf die Anzahl der möglichen Verteilungen.

**b)** $|\Omega| = \binom{32}{2} = 496$

Die Verteilung der restlichen Karten ist hier nicht von Belang.

**c)** $|\Omega| = \binom{32}{10} = 64\,512\,240$

Die Verteilung der restlichen Karten ist hier nicht von Belang.

**33.** **a)** $|\Omega| = \binom{32}{2} = 496$ siehe Aufgabe 32 b

**b)** $|E| = \binom{4}{1}\binom{8}{2}\binom{24}{0} = 112$

Man wählt 1 der 4 Farben und entnimmt 2 aus den 8 Karten dieser Farbe.

**c)** $|E| = \binom{4}{2}\binom{28}{0} = 6$

Zerlegung in 4 Buben und 28 "Nicht-Buben"
(siehe Anwendungstricks (4)).

**d)** $|E| = \binom{4}{1}\binom{4}{1}\binom{24}{0} = 16$

Zerlegung in 4 Buben, 4 As und 24 weitere Karten

**e)** $|E| = \binom{1}{1}\binom{4}{1}\binom{27}{0} = 4$

Zerlegung in Kreuzbube, 4 As und 27 weitere Karten

**f)** $|E| = \binom{1}{1}\binom{8}{1}\binom{23}{0} = 8$

Zerlegung in Kreuzbube, 8 Herz und 23 weitere Karten

**34.** **a)** $|\Omega| = \binom{32}{10} = 64\,512\,240$ siehe Aufgabe 32 c

**b)** $|E| = \binom{4}{4}\binom{28}{6} = 376\,740$

Zerlegung in 4 Buben und 28 "Nicht-Buben"
(siehe Anwendungstricks (4)); 10 Karten verteilen!

**c)** $|E| = \binom{8}{0}\binom{24}{10} = 1\,961\,256$

Zerlegung in 8 Buben/As und 24 weitere Karten

**d)** $|E| = \binom{4}{3}\binom{28}{7} + \binom{4}{4}\binom{28}{6} = 4\,736\,160 + 376\,740 = 5\,112\,900$

"Mindestens 3" entspricht "genau 3 oder genau 4".

**e)** $|E| = \binom{8}{8}\binom{24}{2} = 276$

Zerlegung in 8 Herz und 24 weitere Karten; 10 Karten verteilen!

**f)** $|E| = \binom{4}{1}\binom{8}{8}\binom{24}{2} = 1\,104$

1 aus den 4 Farben auswählen, dann entsprechend e

**g)** $|E| = \binom{4}{1}\binom{7}{7}\binom{3}{3}\binom{22}{0} = 4$

1 der 4 Farben auswählen, Zerlegung in 7 Karten dieser Farbe, 3 Buben nicht dieser Farbe und restliche 22 Karten

**35. a)** $|\Omega| = 2^{12} = 4\,096$

**b)** $|E| = 1 \cdot 2^{10} \cdot 1 = 1\,024$

**c)** $|E| = 2 \cdot 2^{10} \cdot 1 = 2\,048$

erster Wurf beliebig; letzter wie erster

oder:

$|E| = 1 \cdot 2^{10} \cdot 1 + 1 \cdot 2^{10} \cdot 1 = 2\,048$

erster und letzter Wurf "Zahl" oder "Kopf"

**d)** $|E| = 2 \cdot 1 \cdot 1 \cdot 2^9 = 1\,024$

oder: (siehe c)

$|E| = 1 \cdot 1 \cdot 1 \cdot 2^9 + 1 \cdot 1 \cdot 1 \cdot 2^9 = 1\,024$

**e)** $|E| = 1 \cdot 1 \cdot 1 \cdot 2^9 = 512$

**f)** $|E| = \binom{12}{3} \cdot 1^3 \cdot 1^9 = 220$

3 Plätze für "Zahl" heraussuchen; für diese Plätze jeweils die eine Möglichkeit "Zahl", für die anderen neun Plätze jeweils die eine Möglichkeit "Kopf".

**g)** $|E| = \binom{12}{0} \cdot 1^0 \cdot 1^{12} + \binom{12}{1} \cdot 1^1 \cdot 1^{11} + \binom{12}{2} \cdot 1^2 \cdot 1^{10} + \binom{12}{3} \cdot 1^3 \cdot 1^9 =$

$= 1 + 12 + 66 + 220 = 299$

**h)** $|E| = \binom{12}{10} \cdot 1^{10} \cdot 1^2 = 66$ siehe f

**i)** $|E| = \binom{12}{10} \cdot 1^{10} \cdot 1^2 + \binom{12}{11} \cdot 1^{11} \cdot 1^1 + \binom{12}{12} \cdot 1^{12} \cdot 1^0 = 66 + 12 + 1 = 79$

**36.** n-facher Münzwurf $\Rightarrow |\Omega| = 2^n$

$2^n \geq 60 \Rightarrow n \geq 6$

**37.** **a)** $|\Omega| = 2^5 = 32$

**b)** $|E| = 1 \cdot 2^3 \cdot 1 = 8$

**c)** $|E| = 2 \cdot 2^3 \cdot 1 = 16$

oder (siehe 35. c):

$|E| = 1 \cdot 2^3 \cdot 1 + 1 \cdot 2^3 \cdot 1 = 16$

**d)** $|E| = 1 \cdot 1 \cdot 2^3 = 8$

**e)** $|E| = 1 \cdot 1 \cdot 1 \cdot 1 \cdot 1 = 1$

nur ♂♂♀♀♀ möglich

**f)** $|E| = \binom{5}{2} \cdot 1^2 \cdot 1^3 = 10$

(siehe 35 f)

**g)** $|E| = \binom{5}{2} \cdot 1^2 \cdot 1^3 + \binom{5}{3} \cdot 1^3 \cdot 1^2 + \binom{5}{4} \cdot 1^4 \cdot 1^1 + \binom{5}{5} \cdot 1^5 \cdot 1^0 =$

$= 10 + 10 + 5 + 1 = 26$

oder:

$|E| \quad = |\Omega| - \left[\binom{5}{0} \cdot 1^0 \cdot 1^5 + \binom{5}{1} \cdot 1^1 \cdot 1^4\right] = 32 - (1+5) = 26$

**h)** $|E| = \binom{5}{0} \cdot 1^0 \cdot 1^5 + \binom{5}{1} \cdot 1^1 \cdot 1^4 + \binom{5}{2} \cdot 1^2 \cdot 1^3 = 1 + 5 + 10 = 16$

VORSICHT

h ist **nicht** das Gegenereignis zu g,
das Gegenereignis zu g müßte lauten: "weniger als zwei Kinder Söhne" bzw. "höchstens ein Kind Sohn".

**38.** **a)** $|\Omega| = 5! = 120$

**b)** $|E| = 3 \cdot 3! \cdot 2 = 36$

Zuerst den ersten und letzten Tag besetzen

**c)** $|E| = 3 \cdot 2 \cdot 3! = 36$

**d)** $|E| = 2 \cdot 1 \cdot 3! = 12$

**e)** $|E| = 1 \cdot 2! \cdot 3! = 12$

Nur 1 Möglichkeit für die "Geschlechterverteilung" ♂ ♀ ♂ ♀ ♂

die Töchter untereinander: 2!; die Söhne untereinander: 3!

**39.** **a)** $|\Omega| = 5^7 = 78\,125$

**b)** $|E| = 4^7 = 16\,384$

**c)** $|E| = 3^7 = 2\,187$

**d)** $|E| = 1 \cdot 1 \cdot 4^5 = 1\,024$

**e)** $|E| = \binom{7}{4} \cdot 1^4 \cdot 4^3 = 2\,240$

die vier "Pechtage" heraussuchen; für sie kommt nur Bernhard in Frage; die restlichen 3 Tage je eines der restlichen 4 Geschwister

**f)** $|E| = 6 \cdot 2! \cdot 3^5 = 2\,916$

6 Möglichkeiten für die aufeinander folgenden Tage (12/23/34/45/56/67); 2! Möglichkeiten für die Verteilung der Töchter; je einer der drei Söhne für die verbleibenden 5 Tage

**40.** Bei dieser Aufgabe sind stets zwei Lösungen möglich, je nachdem, ob man die 12 Leute nur nach ihrem Geschlecht oder jeden einzelnen unterscheidet.

| nur nach Geschlecht | jeden einzelnen |
|---|---|
| **a)** $\lvert\Omega\rvert = \binom{12}{6} = 924$<br>Plätze für ♂ herausgesucht | **a)** $\lvert\Omega\rvert = 12! = 479\,001\,600$ |
| **b)** $\lvert E\rvert = 2$<br>♂♂♂♂♂♂ ♀♀♀♀♀♀<br>♀♀♀♀♀♀♂♂♂♂♂♂ | **b)** $\lvert E\rvert = 2 \cdot 6! \cdot 6! = 1\,036\,800$<br>innerhalb der Aufstellung noch je 6! Wechselmöglichkeiten |
| **c)** $\lvert E\rvert = 2$<br>♂♀♂♀♂♀♂♀♂♀♂♀<br>♀♂♀♂♀♂♀♂♀♂♀♂ | **c)** $\lvert E\rvert = 2 \cdot 6! \cdot 6! = 1\,036\,800$<br>siehe b |
| **d)** $\lvert E\rvert = 1 \cdot \binom{10}{4} \cdot 1 = 210$<br>vier Plätze für die restlichen Männer | **d)** $\lvert E\rvert = 6 \cdot 10! \cdot 5 = 108\,864\,000$<br>zuerst ersten und letzten Platz besetzen |
| **e)** $\lvert E\rvert = 1 \cdot 1 \cdot 1 \cdot \binom{9}{3} = 84$ | **e)** $\lvert E\rvert = 6 \cdot 5 \cdot 4 \cdot 9! = 43\,545\,600$ |
| **f)** $\lvert E\rvert = 7$<br>vor den Frauen<br>0/1/2/3/4/5/6 Männer | **f)** $\lvert E\rvert = 7 \cdot 6! \cdot 6! = 3\,628\,800$<br>siehe b |

**41.** Entsprechend Aufgabe 40 mehrere Lösungen

| nur nach Geschlecht | nur nach Kostüm | jeder einzeln |
|---|---|---|
| **a)** – | **a)** – | **a)** $\mid \Omega \mid = 11! = 39\,916\,800$ |
| **b)** $\mid E \mid = 1$ | **b)** – | **b)** $\mid E \mid = 1 \cdot 6! \cdot 6! = 518\,400$ |
| **c)** – | **c)** $\mid E \mid = 2! = 2$ Aufstellung der drei Kostüme | **c)** $\mid E \mid = 2! \cdot 4! \cdot 3! \cdot 5! = 34\,560$ Aufstellung der 3 Kostüme mit noch 4! bzw. 3! bzw. 5! Wechselmöglichkeiten innerhalb eines Kostüms |

**42.** Entsprechend Aufgabe 40 zwei mögliche Lösungen

| nur nach Geschlecht | jeder einzeln |
|---|---|
| **a)** $\mid \Omega \mid = 2^2 = 4$ | **a)** $\mid \Omega \mid = 32 \cdot 31 = 992$ |
| **b)** $\mid E \mid = 1 \cdot 2 = 2$ | **b)** $\mid E \mid = 14 \cdot 31 = 434$ |

VORSICHT  Es heißt **nicht** "nur" der 1. Klassensprecher ein Mädchen

| | |
|---|---|
| **c)** $\mid E \mid = 1 \cdot 1 + 1 \cdot 1 = 2$ | **c)** $\mid E \mid = 14 \cdot 18 + 18 \cdot 14 = 504$ |
| **d)** – | **d)** $\mid E \mid = 1 \cdot 17 + 31 \cdot 31 = 978$ Wird dieser Bub nicht zum 1. Klassensprecher gewählt (31 Möglichkeiten), stehen alle restlichen Schüler (31) als 2. Klassensprecher zur Verfügung. |

**43.** Entsprechend Aufgabe 40 zwei mögliche Lösungen.

| nur nach Geschlecht | jeder einzeln |
|---|---|
| **a)** $\lvert\Omega\rvert = \binom{23}{14} = 817\,190$ | **a)** $\lvert\Omega\rvert = 23! = 2{,}5852 \cdot 10^{22}$ |
| **b)** – | **b)** $\lvert E\rvert = 1 \cdot 22! = 1{,}124 \cdot 10^{21}$ |
| **c)** $\lvert E\rvert = 1 \cdot 1 \cdot 1 \cdot \binom{20}{13} +$ $+ 1 \cdot 1 \cdot 1 \cdot \binom{20}{14} = 116\,280$ <br> ♂♀♀ ... oder ♀♀♀ ... | **c)** $\lvert E\rvert = 14 \cdot 9 \cdot 8 \cdot 20! +$ $+ 9 \cdot 8 \cdot 7 \cdot 20! = 3{,}6785 \cdot 10^{21}$ <br> ♂♀♀ ... oder ♀♀♀ ... |

**44.** **a)** $\lvert\Omega\rvert = \frac{20!}{(20-4)!} = 20 \cdot 19 \cdot 18 \cdot 17 = 116\,280$

**b)** $\lvert E\rvert = \frac{10!}{(10-4)!} = 10 \cdot 9 \cdot 8 \cdot 7 = 5\,040$

**c)** $\lvert E\rvert = \frac{10!}{(10-4)!} + \frac{7!}{(7-4)!} = 5\,040 + 840 = 5\,880$

alle Kugeln weiß nicht möglich, da nur 3 weiße Kugeln vorhanden
Zerlegung des Urneninhalts gemäß Anwendungstrick (4)

**d)** $\lvert E\rvert = 10 \cdot \frac{19!}{(19-3)!} = 58\,140$

**e)** $\lvert E\rvert = 10 \cdot \frac{10!}{(10-3)!} = 7\,200$

**f)** $\lvert E\rvert = \binom{4}{1} \cdot 10 \cdot \frac{10!}{(10-3)!} = 28\,800$

$\binom{4}{1}$ für die Platzierung der roten Kugeln

10 für die Möglichkeiten "rot"

$\frac{10!}{7!}$ für die Möglichkeiten der restlichen drei nicht-roten Kugeln

**g)** $|E| = \frac{10!}{(10-4)!} + \binom{4}{1} \cdot 10 \cdot \frac{10!}{(10-3)!} = 5\,040 + 28\,800 = 33\,840$

"keine rote" oder "genau eine rote"

**h)** $$|E| = \binom{4}{1} \cdot 10 \cdot \frac{10!}{(10-3)!} + \binom{4}{2} \cdot \frac{10!}{(10-2)!} \cdot \frac{10!}{(10-2)!} +$$
$$+ \binom{4}{3} \cdot \frac{10!}{(10-3)!} \cdot \frac{10!}{(10-1)!} + \binom{4}{4} \cdot \frac{10!}{(10-4)!} =$$
$$= 28\,800 + 48\,600 + 28\,800 + 5\,040 = 111\,240$$

"genau eine rote" oder "genau zwei rote" ... oder "genau vier rote"
leichter:

$|E| = 116\,280 - \frac{10!}{(10-4)!} = 111\,240$

"nicht (keine rote)" (siehe Kapitel "Ereignis" 5.)

**i)** $|E| = \binom{4}{3} \cdot \frac{10!}{(10-3)!} \cdot 10 = 28\,800$

"genau drei Kugeln nicht rot" ⇒ "genau eine Kugel rot" (siehe f)

**k)** $|E| = 116\,280 - \frac{10!}{(10-4)!} = 111\,240$

"höchstens drei nicht rot" ⇒ "nicht (vier nicht rot)" (siehe Kapitel "Ereignis" 5.) ⇒ "mindestens eine rot" (siehe h)

**45. a)** $|\Omega| = \binom{20}{4} = 4\,845$

**b)** $|E| = \binom{10}{4} = 210$

**c)** $|E| = \binom{10}{4} + \binom{7}{4} = 210 + 35 = 245$

**d)** – } bei gleichzeitigem Ziehen keine Reihenfolge!
**e)** –

**f)** $|E| = \binom{10}{1}\binom{10}{3} = 1\,200$

**g)** $|E| = \binom{10}{0}\cdot\binom{10}{4}+\binom{10}{1}\cdot\binom{10}{3} = 210 + 1\,200 = 1\,410$

**h)** $|E| = \binom{20}{4}-\binom{10}{0}\cdot\binom{10}{4} = 4\,845 - 210 = 4\,635$

**i)** $|E| = \binom{10}{3}\binom{10}{1} = 1\,200$

**k)** $|E| = \binom{20}{4}-\binom{10}{0}\binom{10}{4} = 4\,635$

Man beachte alle Hinweise in der Lösung der Aufgabe 44!
Die Ergebnisse von Aufgabe 44 liefern jeweils bei Division durch 24 die Ergebnisse von Aufgabe 45, da bei dieser Aufgabe keine Reihenfolge beachtet wird und sich die vier gezogenen Kugeln auf 4! = 24 Arten anordnen lassen.

**46.** **a)** $|\Omega| = 20^4 = 160\,000$

**b)** $|E| = 10^4 = 10\,000$

**c)** $|E| = 10^4 + 7^4 + 3^4 = 12\,482$

auch alle Kugeln weiß möglich, da mit Zurücklegen

**d)** $|E| = 10 \cdot 20^3 = 80\,000$

**e)** $|E| = 10 \cdot 10^3 = 10\,000$

**f)** $|E| = \binom{4}{1} \cdot 10 \cdot 10^3 = 40\,000$

**g)** $|E| = 10^4 + \binom{4}{1} \cdot 10 \cdot 10^3 = 50\,000$

**h)** $|E| = 20^4 - 10^4 = 150\,000$

**i)** $| E | = \binom{4}{3} \cdot 10^3 \cdot 10 = 40\,000$

**k)** $| E | = 20^4 - 10^4 = 150\,000$

Man beachte alle Hinweise in der Lösung der Aufgabe 44!

**47.** **a)** $| \Omega | = 5^{10} = 9\,765\,625$

**b)** $| E | = \binom{10}{2} \cdot 4^2 \cdot 1^8 = 720$

$\binom{10}{2}$ für die Platzauswahl der roten Kugeln

**c)** $| E | = 1^{10} + \binom{10}{1} \cdot 4^1 \cdot 1^9 + \binom{10}{2} \cdot 4^2 \cdot 1^8 = 1 + 40 + 720 = 761$

**d)** $| E | = 5^{10} - (1^{10} + \binom{10}{1} \cdot 4^1 \cdot 1^9) = 9\,765\,625 - (1 + 40) = 9\,765\,584$

"nicht (weniger als 2 rote)" oder "nicht (höchstens 1 rote)" (siehe Kapitel "Ereignis" 5.)

**e)** $| E | = 4 \cdot 1^9 = 4$

**f)** $| E | = 1^7 \cdot 4^3 = 64$

**48.** **a)** $| \Omega | = 12^5 = 248\,832$

**b)** $| E | = 12 \cdot 1 \cdot 12^3 = 20\,736$

**c)** $| E | = 12 \cdot 11 \cdot 10 \cdot 9 \cdot 8 = 95\,040$

**49.** **a)** $| \Omega | = 365^7 = 8{,}631 \cdot 10^{17}$

**b)** $| E | = 364 \cdot 1 \cdot 364^4 \cdot 1 = 6{,}39 \cdot 10^{12}$

**c)** $| E | = 364 \cdot 363 \cdot 1 \cdot 363^4 = 2{,}294 \cdot 10^{15}$

**50.** $| \Omega | = 3^{11} = 177\,147$

**51.** **a)** $|E| = 1^5 \cdot 2^6 = 64$

**b)** $|E| = \binom{11}{5} \cdot 1^5 \cdot 2^6 = 29\,568$

**c)** $|E| = 1^{10} \cdot 2 = 2$

**d)** $|E| = \binom{11}{1} \cdot 1^{10} \cdot 2 = 22$

**e)** $|E| = 3^{11} - 1^{11} = 177\,146$

"nicht (kein Spiel falsch)" bzw. "nicht (alle Spiele richtig)"
(siehe Kapitel "Ereignis" 5.)

**f)** $|E| = 2^{11} + \binom{11}{1} \cdot 1 \cdot 2^{10} = 2\,048 + 11\,264 = 13\,312$

**52.** $|\Omega| = \binom{49}{6} = 13\,983\,816$

**53.** **a)** $|E| = \binom{6}{1}\binom{43}{5} = 5\,775\,588$

Zerlegung in die 6 richtigen und die 43 falschen Zahlen
(siehe Anwendungstrick (4))

**b)** $|E| = \binom{6}{4}\binom{43}{2} = 13\,545$

**c)** $|E| = \binom{6}{4}\binom{43}{2} + \binom{6}{5}\binom{43}{1} + \binom{6}{6}\binom{43}{0} = 13\,545 + 258 + 1 = 13\,804$

**d)** $|E| = \binom{6}{5}\binom{43}{1} + \binom{6}{6}\binom{43}{0} = 258 + 1 = 259$

**e)** $|E| = \binom{6}{6}\binom{43}{0} = 1$

**54.** **a)** $|\Omega| = \binom{15}{5} = 3\,003$

**b)** $|E| = \binom{9}{5}\binom{6}{0} = 126$

Zerlegung in Männer/Frauen gemäß Anwendungstrick (4)

**c)** $|E| = \binom{9}{3}\binom{6}{2} = 1\,260$

**d)** $|E| = \binom{9}{5}\binom{6}{0} + \binom{9}{4}\binom{6}{1} + \binom{9}{3}\binom{6}{2} = 126 + 756 + 1\,260 = 2\,142$

**e)** $|E| = \binom{2}{0}\binom{13}{5} + \binom{2}{2}\binom{13}{3} = 1\,287 + 286 = 1\,573$

Zerlegung in Paar/andere Bekannte gemäß Anwendungstrick (4)

**f)** $|E| = \binom{2}{0}\binom{13}{5} + \binom{2}{1}\binom{13}{4} = 1\,287 + 1\,430 = 2\,717$

"keiner der beiden oder einer der beiden"

**55.** **a)** $|\Omega| = \binom{17}{3}\binom{15}{2}\binom{18}{2} = 10\,924\,200$

Zerlegung in CSP/FSU/DSU gemäß Anwendungstrick (4)

**b)** $|E| = \binom{17}{3}\binom{10}{2}\binom{18}{2} = 4\,681\,800$

**c)** $|E| = \binom{1}{1}\binom{16}{2}\binom{15}{2}\binom{18}{2} = 1\,927\,800$

**d)** $|E| = \binom{17}{3}\binom{15}{2}\binom{16}{2} + \binom{17}{3}\binom{15}{2}\binom{2}{2} = 8\,568\,000 + 71\,400 = 8\,639\,400$

"beide nicht oder beide"

**e)** $|E| = \binom{16}{3}\binom{14}{2}\binom{18}{2} + \binom{1}{1}\binom{16}{2}\binom{14}{2}\binom{18}{2} + \binom{16}{3}\binom{1}{1}\binom{14}{1}\binom{18}{2} =$

$= 7\,796\,880 + 1\,670\,760 + 1\,199\,520 = 10\,667\,160$

"keiner von beiden oder der von der CSP oder der von der FSU"

**56.** **a)** $|\Omega| = \binom{50}{5} = 2\,118\,760$

**b)** $|E| = \binom{17}{2}\binom{33}{3} = 742\,016$

Zerlegung in CSP/andere gemäß Anwendungstrick (4)

**c)** $|E| = \binom{15}{0}\binom{35}{5} = 324\,632$

**d)** $|E| = \binom{2}{2}\binom{32}{3} = 4\,960$

**57.** **a)** $|\Omega| = \binom{50}{5} = 2\,118\,760$

**b)** $|E| = \binom{25}{2}\binom{25}{3} = 690\,000$

Zerlegung in vorbereitet/unvorbereitet gemäß Anwendungstrick (4)

**c)** $|E| = \binom{25}{0}\binom{25}{5} + \binom{25}{1}\binom{25}{4} + \binom{25}{2}\binom{25}{3} =$

$= 53\,130 + 316\,250 + 690\,000 = 1\,059\,380$

**d)** $|E| = \binom{50}{5} - \left[\binom{25}{0}\binom{25}{5} + \binom{25}{1}\binom{25}{4}\right] = 2\,118\,760 - 369\,380 =$

$= 1\,749\,380$

"nicht (höchstens eine vorbereitete Frage )"
(siehe Kapitel "Ereignis" 5.)

**58.** **a)** $|\Omega| = \binom{20}{10} = 184\,756$

**b)** $|E| = \binom{3}{3}\binom{17}{7} = 19\,448$

Zerlegung in (1 – 3)/(4 – 20) gemäß Anwendungstrick (4)

**c)** $|E| = \binom{3}{2}\binom{17}{8} + \binom{3}{3}\binom{17}{7} = 72\,930 + 19\,448 = 92\,378$

**d)** $|E| = \binom{10}{4}\binom{10}{6} + \binom{10}{5}\binom{10}{5} + \binom{10}{6}\binom{10}{4} = 44\,100 + 63\,504 + 44\,100 =$

$= 151\,704$

Zerlegung in (1 – 10)/(11 – 20) gemäß Anwendungstrick (4)

**59.** **a)** $|\Omega| = 4^{15} = 1{,}0737 \cdot 10^9$

**b)** $|E| = 1^2 \cdot 4^{13} = 6{,}7109 \cdot 10^7$

**c)** $|E| = \binom{2}{1} \cdot 1 \cdot 3 \cdot 4^{13} = 4{,}0265 \cdot 10^8$

**d)** $|E| = \binom{5}{3} \cdot 1^3 \cdot 3^2 \cdot 4^{10} = 0{,}9437 \cdot 10^8$

**60.** **a)** $|\Omega| = \binom{50}{5} = 2\,118\,760$

**b)** $|E| = \binom{7}{1}\binom{43}{4} = 863\,870$

Zerlegung defekt/intakt gemäß Anwendungstrick (4)

**c)** $|E| = \binom{7}{0}\binom{43}{5} + \binom{7}{1}\binom{43}{4} = 962\,598 + 863\,870 = 1\,826\,468$

**d)** $|E| = \binom{50}{5} - \binom{7}{0}\binom{43}{5} = 2\,118\,760 - 962\,598 = 1\,156\,162$

"nicht (keine defekte)" (siehe Kapitel "Ereignis" 5.)

**61.** **a)** $|\Omega| = 50^5 = 3{,}125 \cdot 10^8$

**b)** $|E| = \binom{5}{1} \cdot 7^1 \cdot 43^4 = 1{,}197 \cdot 10^8$

**c)** $|E| = 43^5 + \binom{5}{1} \cdot 7^1 \cdot 43^4 = 2{,}667 \cdot 10^8$

**d)** $|E| = 50^5 - 43^5 = 1{,}655 \cdot 10^8$

Man beachte alle Hinweise in der Lösung der Aufgabe 60!

**62. a)** $|\Omega| = \dfrac{50!}{(50-5)!} = 254\,251\,200$

**b)** $|E| = \binom{5}{1} \cdot 7 \cdot \dfrac{43!}{(43-4)!} = 103\,664\,400$

**c)** $|E| = \dfrac{43!}{(43-5)!} + \binom{5}{1} \cdot 7 \cdot \dfrac{43!}{(43-4)!} = 115\,511\,760 + 103\,664\,400 =$

$= 219\,176\,160$

**d)** $|E| = \dfrac{50!}{(50-5)!} - \dfrac{43!}{(43-5)!} = 254\,251\,200 - 115\,511\,760 = 138\,739\,440$

Man beachte alle Hinweise in der Lösung der Aufgabe 60!
Die Ergebnisse von Aufgabe 60 liefern bei Multiplikation mit 120 die Ergebnisse der Aufgabe 62, da bei dieser Aufgabe die Reihenfolge beachtet wird und sich die 5 entnommenen Glühbirnen auf 5! = 120 Arten anordnen lassen.

**63. a)** $h = \dfrac{30}{70} = 42{,}86\ \%$

**b)** $h = \dfrac{12+7}{70} = 27{,}14\ \%$

**c)** $h = \dfrac{7+4}{70} = 15{,}71\ \%$

**d)** (1) Kinder- und Jugendsendungen $\dfrac{30}{70}$

(2) Spielfilme $\dfrac{12}{70}$

| | |
|---|---|
| (3) Sportsendungen | $\frac{11}{70}$ |
| (4) Krimi- und Horrorfilme | $\frac{7}{70}$ |
| (5) Magazine | $\frac{6}{70}$ |
| (6) Krimiserien | $\frac{4}{70}$ |

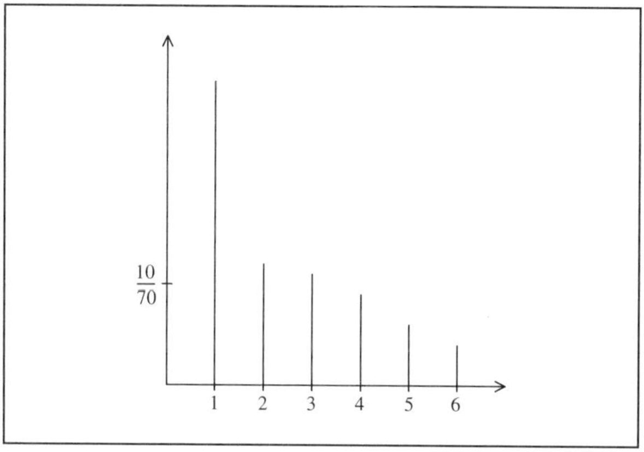


**64. a)** $h = \frac{25}{200} = 12{,}5\ \%$

**b)** $h = \frac{19+17+10}{200} = 23\ \%$

**c)** $h = \frac{40+27+14}{200} = 40{,}5\ \%$

**65. a)** $h = \frac{29}{200} = 14{,}5\ \%$

**b)** $h = \frac{33}{200} = 16{,}5\ \%$

**c)** $h = \frac{34+32+35}{200} = 50{,}5\ \%$

**d)** $h = \frac{34+29+33}{200} = 48\ \%$

**e)** $h = h(c) + h(d) - h(2) = \frac{101}{200} + \frac{96}{200} - \frac{34}{200} = 81{,}5\ \%$

oder:

$h = h(\overline{1}) = 1 - h(1) = 1 - \frac{37}{200} = 81{,}5\ \%$

**f)**

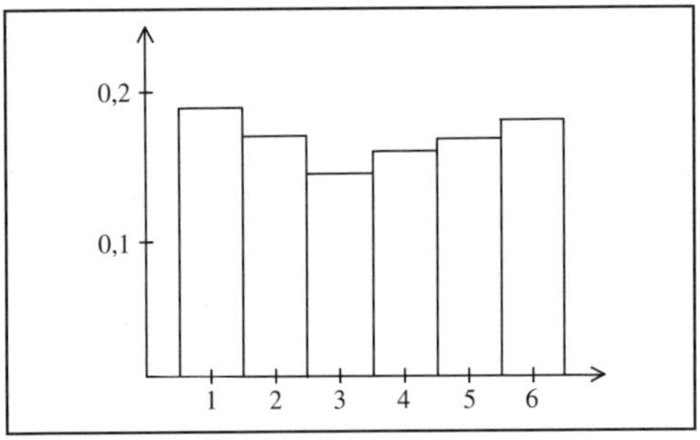


**66.** **a)** nein, da $P(\omega_2) < 0$

**b)** nein, da $\sum_{i=1}^{3} P(\omega_i) \neq 1$

**c)** ja

**67.** $P(\{\omega_2; \omega_3; \omega_4\}) = P(\{\overline{\omega}_1\}) = 0{,}9 \qquad \Rightarrow P(\omega_1) = 0{,}1$

$P(\{\omega_1; \omega_2\}) = P(\omega_1) + P(\omega_2) = 0{,}1 + P(\omega_2) = 0{,}4 \qquad \Rightarrow P(\omega_2) = 0{,}3$

$P(\{\omega_2; \omega_4\}) = P(\omega_2) + P(\omega_4) = 0{,}3 + P(\omega_4) = 0{,}4 \qquad \Rightarrow P(\omega_4) = 0{,}1$

$P(\{\omega_2; \omega_3; \omega_4\}) = P(\omega_2) + P(\omega_3) + P(\omega_4) = 0{,}3 + P(\omega_3) + 0{,}1 = 0{,}9$

$\Rightarrow P(\omega_3) = 0{,}5$

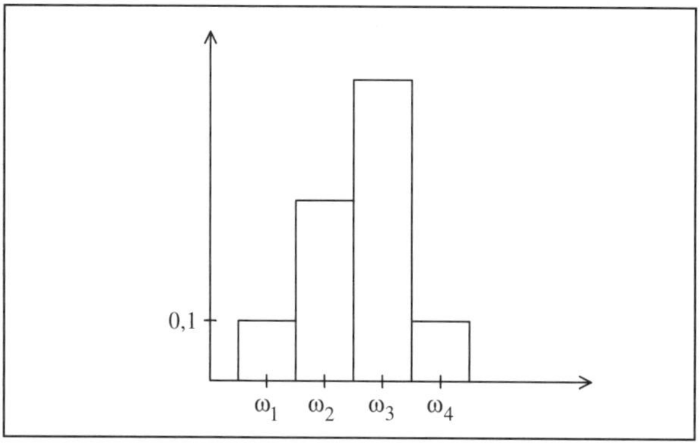


**68.** **a)** $P(B) = 1 - P(\overline{B}) = \frac{2}{3}$

**b)** $P(A \cup B) = P(A) + P(B) - P(A \cap B)$

$\frac{3}{4} = P(A) + \frac{2}{3} - \frac{1}{12} \quad \Rightarrow \quad P(A) = \frac{1}{6}$

**c)** $P(\overline{A} \cap B) = P(B) - P(A \cap B) = \frac{2}{3} - \frac{1}{12} = \frac{7}{12}$

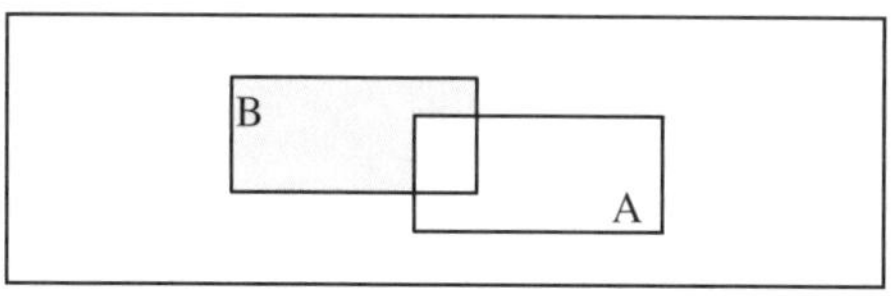


(siehe auch Kapitel "Ereignis")

**d)** $P(A \backslash B) = P(A) - P(A \cap B) = \frac{1}{6} - \frac{1}{12} = \frac{1}{12}$ (s. Kapitel "Ereignis")

**69.** **a)** $P(A \backslash B) = P(A) - P(A \cap B)$

$\frac{1}{4} = \frac{3}{8} - P(A \cap B)$

$P(A \cap B) = \frac{1}{8}$

**b)** $P(B \backslash A) = P(A \cup B) - P(A)$

$P(B \backslash A) = \frac{3}{4} - \frac{3}{8} = \frac{3}{8}$

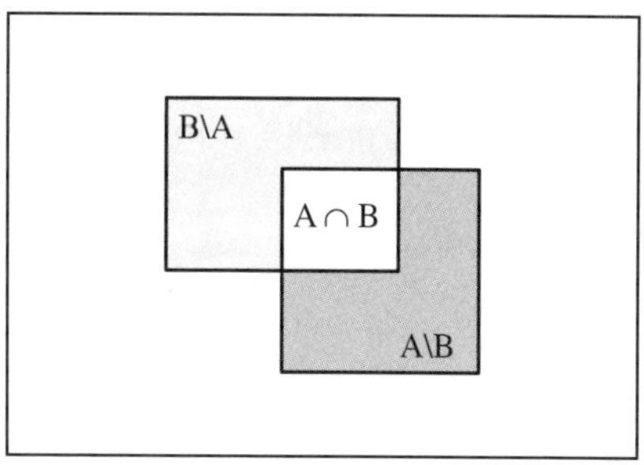

**c)** $P(A\backslash B \cup B\backslash A) = \frac{1}{4} + \frac{3}{8} = \frac{5}{8}$ oder:

$P(A\backslash B \cup B\backslash A) = P(A \cup B) - P(A \cap B) = \frac{3}{4} - \frac{1}{8} = \frac{5}{8}$

**d)** $P(\overline{A} \cap \overline{B}) = P(\overline{A \cup B}) = \frac{1}{4}$

**70.** $P(A) = P(C) = 2\,P(B) = 3\,P(D)$

$P(A) + P(B) + P(C) + P(D) = 1$

$P(A) + \frac{1}{2}\,P(A) + P(A) + \frac{1}{3}\,P(A) = 1$

$P(A) = \frac{6}{17}$ $\quad P(B) = \frac{3}{17}$ $\quad P(C) = \frac{6}{17}$ $\quad P(D) = \frac{2}{17}$

**71.** $P(A) = P(B)$ ; $P(C) = P(D) = P(E)$

P(♂) = $\frac{1}{2}$ P(♀)

**a)** 2 P(♂) + 3 P(♀) = 1

P(♀) + 3 P(♀) = 1

P(♀) = 0,25

$P(C \cup D \cup E) = 0{,}75$

**b)** P(♂) = $\frac{1}{2}$ · P(♀)

P(♂) = 0,125

$P(A \cup B) = 0{,}25$

**c)** P(C) = P(♀) = 0,25

**d)** P(B) = P(♂) = 0,125

**e)**

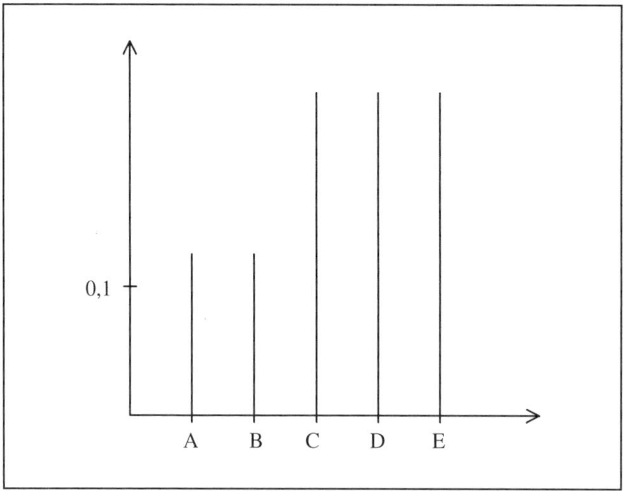


**72.** **a)** $P(1) + P(2) + P(3) + P(4) + P(5) + P(6) = 1$

$a + 2a + 3a + 4a + 5a + 6a = 1$

$a = \frac{1}{21}$

$P(1) = \frac{1}{21} \quad P(2) = \frac{2}{21} \quad P(3) = \frac{1}{7} \quad P(4) = \frac{4}{21} \quad P(5) = \frac{5}{21} \quad P(6) = \frac{2}{7}$

**b)** $P(\{2; 4; 6\}) = \frac{2}{21} + \frac{4}{21} + \frac{2}{7} = \frac{4}{7}$

**c)** $P(\{2; 3; 5\}) = \frac{2}{21} + \frac{1}{7} + \frac{5}{21} = \frac{10}{21}$

**d)** $P(\{2; 4; 6\} \cup \{2; 3; 5\}) = \frac{4}{7} + \frac{10}{21} - P(2) = \frac{20}{21} = P(\bar{1})$

**73.** Baumdiagramm (muß nicht verwendet werden!)

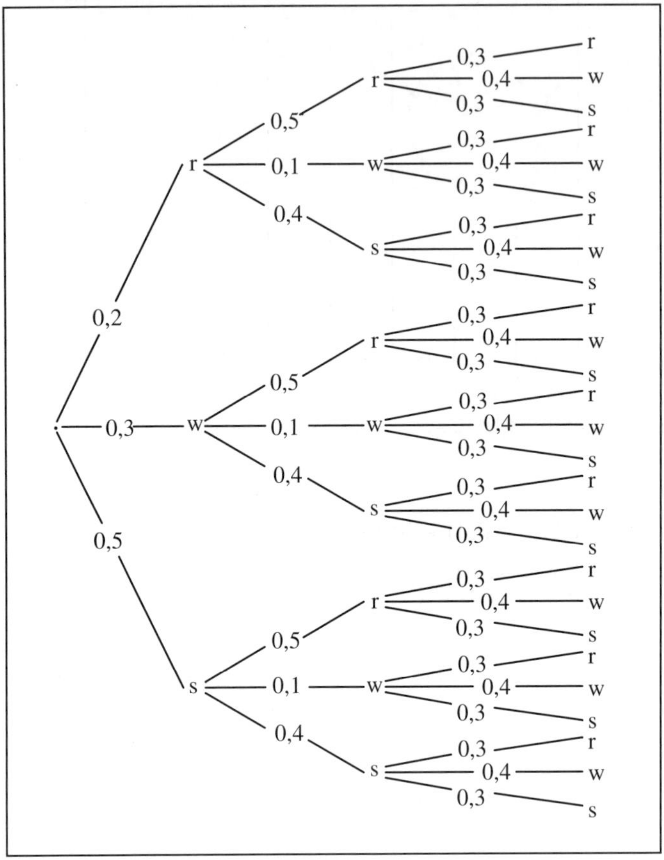


**a)** $P(\{rrr\}) = 0{,}2 \cdot 0{,}5 \cdot 0{,}3 = 0{,}03 = 3\ \%$

**b)** $P(\{rrr;\ www;\ sss\}) = 0{,}2 \cdot 0{,}5 \cdot 0{,}3 + 0{,}3 \cdot 0{,}1 \cdot 0{,}4 + 0{,}5 \cdot 0{,}4 \cdot 0{,}3 =$
$= 0{,}102 = 10{,}2\ \%$

**c)** $P(\{ r\bar{r}\bar{r};\ \bar{r}r\bar{r};\ \bar{r}\bar{r}r \}) = 0{,}2 \cdot 0{,}5 \cdot 0{,}7 + 0{,}8 \cdot 0{,}5 \cdot 0{,}7 + 0{,}8 \cdot 0{,}5 \cdot 0{,}3 =$
$= 0{,}47 = 47\ \%$

**d)** $P(\{ \bar{r}\bar{r}\bar{r};\ r\bar{r}\bar{r};\ \bar{r}r\bar{r};\ \bar{r}\bar{r}r \}) = 0{,}8 \cdot 0{,}5 \cdot 0{,}7 + 0{,}07 + 0{,}28 + 0{,}12 = 0{,}75 = 75\ \%$

**e)** $P(\overline{\text{keine rote}}) = 1 - P(\{\overline{rrr}\}) = 1 - 0{,}8 \cdot 0{,}5 \cdot 0{,}7 = 0{,}72 = 72\ \%$
(siehe Kapitel "Ereignis" 5.)

**f)** $P(\{r\overline{r}\overline{r}\}) = 0{,}2 \cdot 0{,}5 \cdot 0{,}7 = 0{,}07 = 7\ \%$

**74. a)** $P(\{VVVV\}) = 0{,}9 \cdot 0{,}7 \cdot 0{,}9 \cdot 0{,}8 = 0{,}4536 = 45{,}36\ \%$ V = Verlust

**b)** $P(\{GVVV; VGVV; VVGV; VVVG\}) = 0{,}1 \cdot 0{,}7 \cdot 0{,}9 \cdot 0{,}8 +$
$+ 0{,}9 \cdot 0{,}3 \cdot 0{,}9 \cdot 0{,}8 + 0{,}9 \cdot 0{,}7 \cdot 0{,}1 \cdot 0{,}8 + 0{,}9 \cdot 0{,}7 \cdot 0{,}9 \cdot 0{,}2 =$
$= 0{,}4086 = 40{,}86\ \%$

**c)** $P(\{VVVV; GVVV; VGVV; VVGV; VVVG\}) = 0{,}4536 + 0{,}4086 =$
$= 0{,}8622 = 86{,}22\ \%$

**d)** $P(\{\overline{VVVV}\}) = 1 - P(\{VVVV\}) = 0{,}5464 = 54{,}64\ \%$

**e)** $P(\{\overline{GGGG}\}) = 1 - P(\{GGGG\}) = 1 - 0{,}1 \cdot 0{,}3 \cdot 0{,}1 \cdot 0{,}2 = 0{,}9994 =$
$= 99{,}94\ \%$

**f)** $P(\{GGVV\}) = 0{,}1 \cdot 0{,}3 \cdot 0{,}9 \cdot 0{,}8 = 0{,}0216 = 2{,}16\ \%$

**g)** $P(\{G...\}) = 0{,}1 \cdot 1 \cdot 1 \cdot 1 = 0{,}1 = 10\ \%$

Über die Automaten 2 – 4 ist keine Aussage gemacht, sie können also Gewinn oder Verlust bringen.

**75.** Siehe auch Aufgabe 15

**a)** $P = \frac{4 \cdot 3 \cdot 1}{5 \cdot 4 \cdot 3} = \frac{1}{5} = 20\ \%$

**b)** $P = \frac{3 \cdot 4 \cdot 3}{5 \cdot 4 \cdot 3} = \frac{3}{5} = 60\ \%$

**76.** Siehe auch Aufgabe 16

**a)** $P = \frac{5^2 \cdot 1}{5^3} = \frac{1}{5} = 20\ \%$

**b)** $P = \frac{3 \cdot 5^2}{5^3} = \frac{3}{5} = 60\ \%$

**77.** Siehe auch Aufgabe 17

**a)** $$P=\frac{9\cdot 8\cdot 7\cdot 6\cdot 1+8\cdot 8\cdot 7\cdot 6\cdot 4}{9\cdot 9\cdot 8\cdot 7\cdot 6}=\frac{13\,776}{27\,216}=50{,}62\ \%$$

**b)** $$P=\frac{9\cdot 8\cdot 7\cdot 6\cdot 1+8\cdot 8\cdot 7\cdot 6\cdot 1}{9\cdot 9\cdot 8\cdot 7\cdot 6}=\frac{5\,712}{27\,216}=20{,}99\ \%$$

**78.** Siehe auch Aufgabe 18

**a)** $$P=\frac{9\cdot 10^3\cdot 5}{9\cdot 10^4}=\frac{5}{10}=50\ \%$$

**b)** $$P=\frac{9\cdot 10^3\cdot 2}{9\cdot 10^4}=\frac{2}{10}=20\ \%$$

**79.** Siehe auch Aufgabe 19

**a)** $$P=\frac{\binom{9}{2}\binom{7}{3}\binom{4}{4}\cdot 1}{\binom{10}{1}\binom{9}{2}\binom{7}{3}\binom{4}{4}}=\frac{1}{10}=10\ \%$$

**b)** $$P=\frac{\binom{7}{1}\binom{6}{2}\binom{4}{2}\binom{2}{2}}{\binom{10}{1}\binom{9}{2}\binom{7}{3}\binom{4}{4}}=\frac{630}{12\,600}=5\ \%$$

**80.** Siehe auch Aufgabe 21

**a)** $$P=\frac{1\cdot\frac{6!}{2!1!1!1!1!}\cdot 1}{\frac{8!}{4!1!1!1!1!}}=\frac{360}{1\,680}=21{,}43\ \%$$

**b)** $$P = \frac{1 \cdot \dfrac{6!}{3!1!1!1!} \cdot 1}{\dfrac{8!}{4!1!1!1!1!}} = \frac{120}{1\,680} = 7{,}14\,\%$$

**c)** $$P = \frac{5 \cdot 4!}{\dfrac{8!}{4!1!1!1!1!}} = \frac{120}{1\,680} = 7{,}14\,\%$$

**81.** Siehe auch Aufgabe 22

**a)** $$P = \frac{6 \cdot 5 \cdot 4 \cdot 3}{9 \cdot 8 \cdot 7 \cdot 6} = \frac{360}{3\,024} = 11{,}9\,\%$$

**b)** $$P = \frac{6 \cdot 7 \cdot 6 \cdot 5}{9 \cdot 8 \cdot 7 \cdot 6} = \frac{1\,260}{3\,024} = 41{,}67\,\%$$

**c)** $$P = \frac{3 \cdot 8 \cdot 7 \cdot 6}{9 \cdot 8 \cdot 7 \cdot 6} = \frac{1\,008}{3\,024} = 33{,}3\,\%$$

**d)** $$P = \frac{(1 \cdot 8 \cdot 7 \cdot 6) \cdot 4}{9 \cdot 8 \cdot 7 \cdot 6} = \frac{1\,344}{3\,024} = 44{,}44\,\%$$

**e)** $$P = \frac{(1 \cdot 1 \cdot 7 \cdot 6) \cdot 3}{9 \cdot 8 \cdot 7 \cdot 6} = \frac{126}{3\,024} = 4{,}17\,\%$$

**f)** $$P = \frac{(3 \cdot 2 \cdot 1 \cdot 6) \cdot 4}{9 \cdot 8 \cdot 7 \cdot 6} = \frac{144}{3\,024} = 4{,}76\,\%$$

**82.** Siehe auch Aufgabe 23

**a)** $$P = \frac{\binom{5}{3} \cdot 21 \cdot 20 \cdot 19 \cdot 5 \cdot 4}{26 \cdot 25 \cdot 24 \cdot 23 \cdot 22} = \frac{1\,596\,000}{7\,893\,600} = 20{,}22\,\%$$

**b)** $$P = \frac{(1 \cdot 25 \cdot 24 \cdot 23 \cdot 22) \cdot 5}{26 \cdot 25 \cdot 24 \cdot 23 \cdot 22} = \frac{5}{26} = 19{,}23\,\%$$

**c)** $P = \frac{1 \cdot 24 \cdot 23 \cdot 22 \cdot 1}{26 \cdot 25 \cdot 24 \cdot 23 \cdot 22} = \frac{1}{650} = 0{,}15\,\%$

**d)** $P = \frac{(1 \cdot 24 \cdot 23 \cdot 22 \cdot 1) \cdot 4}{26 \cdot 25 \cdot 24 \cdot 23 \cdot 22} = \frac{4}{650} = 0{,}62\,\%$

**e)** $P = \frac{(1 \cdot 1 \cdot 24 \cdot 23 \cdot 22) \cdot 5 \cdot 4}{26 \cdot 25 \cdot 24 \cdot 23 \cdot 22} = \frac{20}{650} = 3{,}08\,\%$

**f)** $P = \frac{(1 \cdot 1 \cdot 1 \cdot 23 \cdot 22) \cdot 5 \cdot 4 \cdot 3}{26 \cdot 25 \cdot 24 \cdot 23 \cdot 22} = \frac{60}{15\,600} = 0{,}38\,\%$

**83.** Siehe auch Aufgabe 24

**a)** $P = \frac{6^6 \cdot 3}{6^7} = \frac{3}{6} = 50\,\%$

**b)** $P = \frac{1 \cdot 6^5 \cdot 1}{6^7} = \frac{1}{36} = 2{,}78\,\%$

**c)** $P = \frac{5^6 \cdot 1}{6^7} = \frac{15\,625}{279\,936} = 5{,}58\,\%$

**d)** $P = \frac{(5^6 \cdot 1) \cdot 7}{6^7} = \frac{109\,375}{279\,936} = 39{,}07\,\%$

**e)** $P = 1 - \frac{5^7}{6^7} = 1 - \frac{78\,125}{279\,936} = 72{,}09\,\%$

**84.** Siehe auch Aufgabe 25

**a)** $P = \frac{6 \cdot 2 \cdot 1}{6 \cdot 2 \cdot 2} = \frac{1}{2} = 50\,\%$

**b)** $P = \frac{2 \cdot 2 \cdot 2}{6 \cdot 2 \cdot 2} = \frac{2}{6} = 33{,}3\,\%$

**c)** $P = \frac{2 \cdot 2 \cdot 1}{6 \cdot 2 \cdot 2} = \frac{1}{6} = 16{,}67\,\%$

**85.** Siehe auch Aufgabe 26

**a)** $P = \frac{6 \cdot 1 \cdot 1}{6^3} = \frac{1}{36} = 2{,}78\,\%$

**b)** $P = \frac{3}{6^3} = \frac{3}{216} = 1{,}39\,\%$

**86.** Siehe auch Aufgabe 28

**a)** $P = \frac{4 \cdot 1^4}{4^5} = \frac{1}{4^4} = 0{,}39\,\%$

**b)** $P = \frac{4 \cdot 4^3 \cdot 1}{4^5} = \frac{1}{4} = 25\,\%$

**c)** $P = \frac{(1 \cdot 3^4) \cdot 5}{4^5} = \frac{405}{1\,024} = 39{,}55\,\%$

**d)** $P = 1 - \frac{3^5}{4^5} = 1 - \frac{243}{1\,024} = 76{,}27\,\%$

**e)** $P = \frac{\binom{5}{2}(1^2 \cdot 3^3)}{4^5} = \frac{270}{1\,024} = 26{,}37\,\%$

**f)** $P = \frac{3^5 + (1 \cdot 3^4) \cdot 5 + \binom{5}{2} \cdot (1^2 \cdot 3^3)}{4^5} = \frac{918}{1\,024} = 89{,}65\,\%$

**87.** Siehe auch Aufgabe 29

**a)** $P = \frac{\binom{4}{3}\binom{28}{0}}{\binom{32}{3}} = \frac{4}{4\,960} = 0{,}08\,\%$

**b)** $P = \frac{\binom{4}{0}\binom{28}{3}}{\binom{32}{3}} = \frac{3\,276}{4\,960} = 66{,}05\,\%$

**c)** $$P = \frac{\binom{4}{0}\binom{28}{3} + \binom{4}{1}\binom{28}{2}}{\binom{32}{3}} = \frac{4\,788}{4\,960} = 96{,}53\,\%$$

**d)** $$P = \frac{\binom{8}{3}\binom{24}{0}}{\binom{32}{3}} = \frac{56}{4\,960} = 1{,}13\,\%$$

**e)** $$P = \frac{\binom{8}{2}\binom{24}{1} + \binom{8}{3}\binom{24}{0}}{\binom{32}{3}} = \frac{728}{4\,960} = 14{,}68\,\%$$

**f)** $$P = \frac{\binom{11}{0}\binom{21}{3}}{\binom{32}{3}} = \frac{1\,330}{4\,960} = 26{,}81\,\%$$

**g)** $$P = \frac{\binom{7}{3}\binom{25}{0} + \binom{3}{3}\binom{29}{0}}{\binom{32}{3}} = \frac{36}{4\,960} = 0{,}73\,\%$$

**h)** $$P = \frac{\binom{4}{1}\binom{8}{3}\binom{24}{0}}{\binom{32}{3}} = \frac{224}{4\,960} = 4{,}52\,\%$$

**i)** $$P = \frac{\binom{4}{3}\binom{8}{1}\binom{8}{1}\binom{8}{1}\binom{8}{0}}{\binom{32}{3}} = \frac{2\,048}{4\,960} = 41{,}29\,\%$$

**k)** $$P = \frac{\binom{8}{1}\binom{4}{3}\binom{28}{0}}{\binom{32}{3}} = \frac{32}{4\,960} = 0{,}65\,\%$$

**88.** Siehe auch Aufgabe 30

Es ergeben sich dieselben Ergebnisse wie bei Aufgabe 87, da Zähler und Nenner jeweils mit 6 multipliziert wurden.

**89.** Siehe auch Aufgabe 31

**a)** $P = \frac{4^3}{32^3} = \frac{1}{8^3} = 0{,}20\ \%$

**b)** $P = \frac{28^3}{32^3} = \left(\frac{7}{8}\right)^3 = 66{,}99\ \%$

**c)** $P = \frac{28^3 + (4 \cdot 28^2) \cdot 3}{32^3} = \frac{31\,360}{32\,768} = 95{,}7\ \%$

**d)** $P = \frac{8^3}{32^3} = \frac{1}{4^3} = 1{,}56\ \%$

**e)** $P = \frac{(8^2 \cdot 24) \cdot 3 + 8^3}{32^3} = \frac{5\,120}{32\,768} = 15{,}63\ \%$

**f)** $P = \frac{21^3}{32^3} = \frac{9\,261}{32\,768} = 28{,}26\ \%$

**g)** $P = \frac{7^3 + 3^3}{32^3} = \frac{370}{32\,768} = 1{,}13\ \%$

**h)** $P = \frac{\binom{4}{1} \cdot 8^3}{32^3} = \frac{1}{4^2} = 6{,}25\ \%$

**i)** $P = \frac{32 \cdot 24 \cdot 16}{32^3} = \frac{12\,288}{32\,768} = 37{,}5\ \%$

**k)** $P = \frac{\binom{8}{1} \cdot 4^3}{32^3} = \frac{1}{8^2} = 1{,}56\ \%$

**90.** Siehe auch Aufgabe 33

**a)** $P = \frac{\binom{4}{1}\binom{8}{2}\binom{24}{0}}{\binom{32}{2}} = \frac{112}{496} = 22{,}58\ \%$

**b)** $P = \frac{\binom{4}{2}\binom{28}{0}}{\binom{32}{2}} = \frac{6}{496} = 1{,}21\ \%$

**c)** $P = \frac{\binom{4}{1}\binom{4}{1}\binom{24}{0}}{\binom{32}{2}} = \frac{16}{496} = 3{,}23\ \%$

**d)** $P = \frac{\binom{1}{1}\binom{4}{1}\binom{27}{0}}{\binom{32}{2}} = \frac{4}{496} = 0{,}81\ \%$

**e)** $P = \frac{\binom{1}{1}\binom{8}{1}\binom{23}{0}}{\binom{32}{2}} = \frac{8}{496} = 1{,}61\ \%$

**91.** Siehe auch Aufgabe 34

**a)** $P = \frac{\binom{4}{4}\binom{28}{6}}{\binom{32}{10}} = \frac{376\,740}{64\,512\,240} = 0{,}58\ \%$

**b)** $P = \frac{\binom{8}{0}\binom{24}{10}}{\binom{32}{10}} = \frac{1\,961\,256}{64\,512\,240} = 3{,}04\ \%$

**c)** $P = \dfrac{\binom{4}{3}\binom{28}{7} + \binom{4}{4}\binom{28}{6}}{\binom{32}{10}} = \dfrac{5\,112\,900}{64\,512\,240} = 7{,}93\,\%$

**d)** $P = \dfrac{\binom{8}{8}\binom{24}{2}}{\binom{32}{10}} = \dfrac{276}{64\,512\,240} = 0{,}00043\,\%$

**e)** $P = \dfrac{\binom{4}{1}\binom{8}{8}\binom{24}{2}}{\binom{32}{10}} = \dfrac{1104}{64\,512\,240} = 0{,}0017\,\%$

**f)** $P = \dfrac{\binom{4}{3}\binom{7}{7}\binom{3}{3}\binom{22}{0}}{\binom{32}{10}} = \dfrac{4}{64\,512\,240} = 0{,}000006\,\%$

**92.** Siehe auch Aufgabe 35

**a)** $P = \dfrac{1 \cdot 2^{10} \cdot 1}{2^{12}} = \dfrac{1}{2^{2}} = 25\,\%$

**b)** $P = \dfrac{2 \cdot 2^{10} \cdot 1}{2^{12}} = \dfrac{1}{2} = 50\,\%$

**c)** $P = \dfrac{2 \cdot 1 \cdot 1 \cdot 2^{9}}{2^{12}} = \dfrac{1}{2^{2}} = 25\,\%$

**d)** $P = \dfrac{1 \cdot 1 \cdot 1 \cdot 2^{9}}{2^{12}} = \dfrac{1}{2^{3}} = 12{,}5\,\%$

**e)** $P = \dfrac{\binom{12}{3} \cdot 1^{3} \cdot 1^{9}}{2^{12}} = \dfrac{220}{4\,096} = 5{,}37\,\%$

**f)** $$P = \frac{\binom{12}{0}1^0 1^{12} + \binom{12}{1}1^1 1^{11} + \binom{12}{2}1^2 1^{10} + \binom{12}{3}1^3 1^9}{2^{12}} =$$

$$= \frac{299}{4\,096} = 7{,}3\,\%$$

**g)** $$P = \frac{\binom{12}{10}1^{10} 1^2}{2^{12}} = \frac{66}{4\,096} = 1{,}61\,\%$$

**h)** $$P = \frac{\binom{12}{10}1^{10} 1^2 + \binom{12}{11}1^{11} 1^1 + \binom{12}{12}1^{12} 1^0}{2^{12}} = \frac{79}{4\,096} = 1{,}93\,\%$$

**93.** Siehe auch Aufgabe 37

**a)** $$P = \frac{1 \cdot 2^3 \cdot 1}{2^5} = \frac{1}{2^2} = 25\,\%$$

**b)** $$P = \frac{2 \cdot 2^3 \cdot 1}{2^5} = \frac{1}{2} = 50\,\%$$

**c)** $$P = \frac{1 \cdot 1 \cdot 2^3}{2^5} = \frac{1}{2^2} = 25\,\%$$

**d)** $$P = \frac{1 \cdot 1 \cdot 1 \cdot 1 \cdot 1}{2^5} = 3{,}13\,\%$$

**e)** $$P = \frac{\binom{5}{2} \cdot 1^2 \cdot 1^3}{2^5} = \frac{10}{32} = 31{,}25\,\%$$

**f)** $$P = 1 - \frac{\binom{5}{0}1^0 1^5 + \binom{5}{1}1^1 1^4}{2^5} = 1 - \frac{6}{32} = 81{,}25\,\%$$

**g)** $$P = \frac{\binom{5}{0}1^0 1^5 + \binom{5}{1}1^1 1^4 + \binom{5}{2}1^2 1^3}{2^5} = \frac{16}{32} = 50\,\%$$

**94.** Siehe auch Aufgabe 38

**a)** $P = \frac{3 \cdot 3! \cdot 2}{5!} = \frac{36}{120} = 30\,\%$

**b)** $P = \frac{3 \cdot 2 \cdot 3!}{5!} = \frac{36}{120} = 30\,\%$

**c)** $P = \frac{2 \cdot 1 \cdot 3!}{5!} = \frac{12}{120} = 10\,\%$

**d)** $P = \frac{1 \cdot 2! \cdot 3!}{5!} = \frac{12}{120} = 10\,\%$

**95.** Siehe auch Aufgabe 39

**a)** $P = \frac{4^7}{5^7} = \frac{16\,384}{78\,125} = 20{,}97\,\%$

**b)** $P = \frac{3^7}{5^7} = \frac{2\,187}{78\,125} = 2{,}8\,\%$

**c)** $P = \frac{1 \cdot 1 \cdot 4^5}{5^7} = \frac{1\,024}{78\,125} = 1{,}31\,\%$

**d)** $P = \frac{\binom{7}{4} \cdot 1^4 \cdot 4^3}{5^7} = \frac{2\,240}{78\,125} = 2{,}87\,\%$

**e)** $P = \frac{6 \cdot 2! \cdot 3^5}{5^7} = \frac{2\,916}{78\,125} = 3{,}73\,\%$

**96.** Siehe auch Aufgabe 40

**a)** $P = \frac{2}{\binom{12}{6}} = \frac{2}{924} = 0{,}22\,\%$ oder $P = \frac{2 \cdot 6! \cdot 6!}{12!} = \frac{1\,036\,800}{479\,001\,600} = 0{,}22\,\%$

**b)** $P = \frac{2}{\binom{12}{6}} = \frac{2}{924} = 0{,}22\%$ oder $P = \frac{2 \cdot 6! \cdot 6!}{12!} = \frac{1\,036\,800}{479\,001\,600} = 0{,}22\,\%$

**c)** $P = \frac{1 \cdot \binom{10}{4} \cdot 1}{\binom{12}{6}} = \frac{210}{924} =$ oder $P = \frac{6 \cdot 10! \cdot 5}{12!} = \frac{108\,864\,000}{479\,001\,600} = 22{,}73\,\%$

$= 22{,}73\,\%$

**d)** $P = \frac{1 \cdot 1 \cdot 1 \cdot \binom{9}{3}}{\binom{12}{6}} = \frac{84}{924} =$ oder $P = \frac{6 \cdot 5 \cdot 4 \cdot 9!}{12!} = \frac{43\,545\,600}{479\,001\,600} = 9{,}09\,\%$

$= 9{,}09\,\%$

**e)** $P = \frac{7}{\binom{12}{6}} = \frac{7}{924} = 0{,}76\,\%$ oder $P = \frac{7 \cdot 6! \cdot 6!}{12!} = \frac{3\,628\,800}{479\,001\,600} = 0{,}76\,\%$

**97.** Siehe auch Aufgabe 41

**a)** $P = \frac{6! \cdot 6!}{11!} = \frac{518\,400}{39\,916\,800} = 1{,}3\,\%$

**b)** $P = \frac{2!\ 4!\ 3!\ 5!}{11!} = \frac{34\,560}{39\,916\,800} = 0{,}09\,\%$

**98.** Siehe auch Aufgabe 42

**a)** $P = \frac{14 \cdot 31}{32 \cdot 31} = \frac{14}{32} = 43{,}75\,\%$

**b)** $P = \frac{14 \cdot 18 + 18 \cdot 14}{32 \cdot 31} = \frac{504}{992} = 50{,}81\,\%$

Nur diese Lösung möglich, da die Wahrscheinlichkeiten für Buben $\left(\frac{18}{32}\right)$ und Mädchen $\left(\frac{14}{32}\right)$ nicht dieselben sind. Der Ergebnisraum Ω = {♂♂; ♂♀; ♀♂; ♀♀} also keine gleichwahrscheinlichen Ergebnisse enthält.

**99.** Siehe auch Aufgabe 43

**a)** $P = \frac{1 \cdot 22!}{23!} = \frac{1}{23} = 4{,}35\,\%$

**b)** $P = \frac{14 \cdot 9 \cdot 8 \cdot 20! + 9 \cdot 8 \cdot 7 \cdot 20!}{23!} = \frac{3{,}6785 \cdot 10^{21}}{2{,}5852 \cdot 10^{22}} = 14{,}23\,\%$

oder:

$$P = \frac{1 \cdot 1 \cdot 1 \cdot \binom{20}{13} + 1 \cdot 1 \cdot 1 \cdot \binom{20}{14}}{\binom{23}{14}} = \frac{116\,280}{817\,190} = 14{,}23\,\%$$

**100.** Siehe auch Aufgabe 44

**a)** $P = \frac{10 \cdot 9 \cdot 8 \cdot 7}{20 \cdot 19 \cdot 18 \cdot 17} = \frac{5\,040}{116\,280} = 4{,}33\,\%$

**b)** $P = \frac{10 \cdot 9 \cdot 8 \cdot 7 + 7 \cdot 6 \cdot 5 \cdot 4}{20 \cdot 19 \cdot 18 \cdot 17} = \frac{5\,880}{116\,280} = 5{,}06\,\%$

**c)** $P = \frac{10 \cdot 19 \cdot 18 \cdot 17}{20 \cdot 19 \cdot 18 \cdot 17} = \frac{1}{2} = 50\,\%$

**d)** $P = \frac{10 \cdot 10 \cdot 9 \cdot 8}{20 \cdot 19 \cdot 18 \cdot 17} = \frac{7\,200}{116\,280} = 6{,}19\,\%$

**e)** $P = \frac{\binom{4}{1} \cdot 10 \cdot 10 \cdot 9 \cdot 8}{20 \cdot 19 \cdot 18 \cdot 17} = \frac{28\,800}{116\,280} = 24{,}77\,\%$

**f)** $P = \frac{10 \cdot 9 \cdot 8 \cdot 7 + \binom{4}{1} 10 \cdot 10 \cdot 9 \cdot 8}{20 \cdot 19 \cdot 18 \cdot 17} = \frac{33\,840}{116\,280} = 29{,}1\,\%$

**g)** $P = 1 - \frac{10 \cdot 9 \cdot 8 \cdot 7}{20 \cdot 19 \cdot 18 \cdot 17} = 1 - \frac{5\,040}{116\,280} = 95{,}67\,\%$

**h)** $P = \frac{\binom{4}{3} \cdot 10 \cdot 10 \cdot 9 \cdot 8}{20 \cdot 19 \cdot 18 \cdot 17} = \frac{28\,800}{116\,280} = 24{,}77\,\%$

**i)** $P = 1 - \frac{10 \cdot 9 \cdot 8 \cdot 7}{20 \cdot 19 \cdot 18 \cdot 17} = 1 - \frac{5\,040}{116\,280} = 95{,}67\,\%$

**101.** Siehe auch Aufgabe 45
Es ergeben sich dieselben Ergebnisse wie bei Aufgabe 100, da Zähler und Nenner jeweils durch 24 dividiert wurden. Aufgabe c und d jedoch nicht möglich, da bei gleichzeitigem Ziehen keine Reihenfolge gegeben.

**102.** Siehe auch Aufgabe 46

**a)** $P = \frac{10^4}{20^4} = \frac{1}{2^4} = 6{,}25\,\%$

**b)** $P = \frac{10^4 + 7^4 + 3^4}{20^4} = \frac{12\,482}{160\,000} = 7{,}8\,\%$

**c)** $P = \frac{10 \cdot 20^3}{20^4} = \frac{1}{2} = 50\,\%$

**d)** $P = \frac{10 \cdot 10^3}{20^4} = \frac{1}{2^4} = 6{,}25\,\%$

**e)** $P = \frac{\binom{4}{1} \cdot 10 \cdot 10^3}{20^4} = \frac{4}{2^4} = 25\,\%$

**f)** $$P=\frac{10^4+\binom{4}{1}\cdot 10\cdot 10^3}{20^4}=\frac{50\,000}{160\,000}=31{,}25\,\%$$

**g)** $$P=1-\frac{10^4}{20^4}=1-\frac{1}{2^4}=93{,}75\,\%$$

**h)** $$P=\frac{\binom{4}{3}\cdot 10^3\cdot 10}{20^4}=\frac{4}{2^4}=25\,\%$$

**i)** $$P=1-\frac{10^4}{20^4}=1-\frac{1}{2^4}=93{,}75\,\%$$

**103.** Siehe auch Aufgabe 47

**a)** $$P=\frac{\binom{10}{2}\cdot 4^2\cdot 1^8}{5^{10}}=\frac{720}{9\,765\,625}=0{,}0074\,\%$$

**b)** $$P=\frac{1^{10}+\binom{10}{1}\cdot 4^1\cdot 1^9+\binom{10}{2}\cdot 4^2\cdot 1^8}{5^{10}}=\frac{761}{9\,765\,625}=0{,}0078\,\%$$

**c)** $$P=1-\frac{1^{10}+\binom{10}{1}\cdot 4^1\cdot 1^9}{5^{10}}=1-\frac{41}{9\,765\,625}=99{,}99\,\%$$

**d)** $$P=\frac{4\cdot 1^9}{5^{10}}=\frac{4}{9\,765\,625}=0{,}00004\,\%$$

**e)** $$P=\frac{1^7\cdot 4^3}{5^{10}}=\frac{64}{9\,765\,625}=0{,}00066\,\%$$

**104.** Siehe auch Aufgabe 48

**a)** $$P=\frac{12\cdot 1\cdot 12^3}{12^5}=\frac{1}{12}=8{,}33\,\%$$

**b)** $P=\dfrac{12\cdot 11\cdot 10\cdot 9\cdot 8}{12^5}=\dfrac{95\,040}{248\,832}=38{,}19\,\%$

**105.** Siehe auch Aufgabe 49

**a)** $P=\dfrac{364\cdot 1\cdot 364^4\cdot 1}{365^7}=\dfrac{6{,}39\cdot 10^{12}}{8{,}631\cdot 10^{17}}=0{,}00074\,\%$

**b)** $P=\dfrac{364\cdot 363\cdot 1\cdot 363^4}{365^7}=\dfrac{2{,}294\cdot 10^{15}}{8{,}631\cdot 10^{17}}=0{,}27\,\%$

**106.** Siehe auch Aufgabe 50 und 51

**a)** $P=\dfrac{1^5\cdot 2^6}{3^{11}}=\dfrac{64}{177\,147}=0{,}036\,\%$

**b)** $P=\dfrac{\binom{11}{5}\cdot 1^5\cdot 2^6}{3^{11}}=\dfrac{29\,568}{177\,147}=16{,}69\,\%$

**c)** $P=\dfrac{1^{10}\cdot 2}{3^{11}}=\dfrac{2}{177\,147}=0{,}0011\,\%$

**d)** $P=\dfrac{\binom{11}{1}\cdot 1^{10}\cdot 2}{3^{11}}=\dfrac{22}{177\,147}=0{,}012\,\%$

**e)** $P=1-\dfrac{1^{11}}{3^{11}}=1-\dfrac{1}{177\,147}=99{,}99\,\%$

**f)** $P=\dfrac{2^{11}+\binom{11}{1}\cdot 1\cdot 2^{10}}{3^{11}}=\dfrac{13\,312}{177\,147}=7{,}51\,\%$

**107.** Siehe auch Aufgabe 52 und 53

**a)** $P=\dfrac{\binom{6}{1}\binom{43}{5}}{\binom{49}{6}}=\dfrac{5\,775\,588}{13\,983\,816}=41{,}3\,\%$

**b)** $P = \frac{\binom{6}{4}\binom{43}{2}}{\binom{49}{6}} = \frac{13\,545}{13\,983\,816} = 0{,}097\,\%$

**c)** $P = \frac{\binom{6}{4}\binom{43}{2} + \binom{6}{5}\binom{43}{1} + \binom{6}{6}\binom{43}{0}}{\binom{49}{6}} = \frac{13\,804}{13\,983\,816} = 0{,}099\,\%$

**d)** $P = \frac{\binom{6}{5}\binom{43}{1} + \binom{6}{6}\binom{43}{0}}{\binom{49}{6}} = \frac{259}{13\,983\,816} = 0{,}0019\,\%$

**e)** $P = \frac{\binom{6}{6}\binom{43}{0}}{\binom{49}{6}} = \frac{1}{13\,983\,816} = 0{,}0000072\,\%$

**108.** Siehe auch Aufgabe 54

**a)** $P = \frac{\binom{9}{5}\binom{6}{0}}{\binom{15}{5}} = \frac{126}{3\,003} = 4{,}2\,\%$

**b)** $P = \frac{\binom{9}{3}\binom{6}{2}}{\binom{15}{5}} = \frac{1\,260}{3\,003} = 41{,}96\,\%$

**c)** $P = \frac{\binom{9}{5}\binom{6}{0} + \binom{9}{4}\binom{6}{1} + \binom{9}{3}\binom{6}{2}}{\binom{15}{5}} = \frac{2\,142}{3\,003} = 71{,}33\,\%$

**109.** Siehe auch Aufgabe 55

**a)** $P = \frac{\binom{1}{1}\binom{16}{2}\binom{15}{2}\binom{18}{2}}{\binom{17}{3}\binom{15}{2}\binom{18}{2}} = \frac{120}{680} = 17{,}65\,\%$

**b)** $P = \frac{\binom{16}{3}\binom{14}{2}\binom{18}{2} + \binom{1}{1}\binom{16}{2}\binom{14}{2}\binom{18}{2} + \binom{1}{1}\binom{16}{3}\binom{14}{1}\binom{18}{2}}{\binom{17}{3}\binom{15}{2}\binom{18}{2}} =$

$= \frac{10\,667\,160}{10\,924\,200} = 97{,}65\,\%$

**110.** Siehe auch Aufgabe 56

**a)** $P = \frac{\binom{17}{2}\binom{33}{3}}{\binom{50}{5}} = \frac{742\,016}{2\,118\,760} = 35{,}02\,\%$

**b)** $P = \frac{\binom{15}{0}\binom{35}{5}}{\binom{50}{5}} = \frac{324\,632}{2\,118\,760} = 15{,}32\,\%$

**c)** $P = \frac{\binom{2}{2}\binom{32}{3}}{\binom{50}{5}} = \frac{4\,960}{2\,118\,760} = 0{,}23\,\%$

**111.** Siehe auch Aufgabe 57

**a)** $P = \frac{\binom{25}{2}\binom{25}{3}}{\binom{50}{5}} = \frac{690\,000}{2\,118\,760} = 32{,}57\,\%$

**b)** $P = \frac{\binom{25}{0}\binom{25}{5} + \binom{25}{1}\binom{25}{4} + \binom{25}{2}\binom{25}{3}}{\binom{50}{5}} = \frac{1\,059\,380}{2\,118\,760} = 50\,\%$

**c)** $$P = 1 - \frac{\binom{25}{0}\binom{25}{5} + \binom{25}{1}\binom{25}{4}}{\binom{50}{5}} = 1 - \frac{369\,380}{2\,118\,760} = 82{,}57\ \%$$

**112.** Siehe auch Aufgabe 60

**a)** $$P = \frac{\binom{7}{1}\binom{43}{4}}{\binom{50}{5}} = \frac{863\,870}{2\,118\,760} = 40{,}77\ \%$$

**b)** $$P = \frac{\binom{7}{0}\binom{43}{5} + \binom{7}{1}\binom{43}{4}}{\binom{50}{5}} = \frac{1\,826\,468}{2\,118\,760} = 86{,}2\ \%$$

**c)** $$P - 1 - \frac{\binom{7}{0}\binom{43}{5}}{\binom{50}{5}} = 1 - \frac{962\,598}{2\,118\,760} = 54{,}57\ \%$$

**113.** Siehe auch Aufgabe 61

**a)** $$P = \frac{\binom{5}{1} \cdot 7^1 \cdot 43^4}{50^5} = \frac{1{,}197 \cdot 10^8}{3{,}125 \cdot 10^8} = 38{,}3\ \%$$

**b)** $$P = \frac{43^5 + \binom{5}{1} \cdot 7^1 \cdot 43^4}{50^5} = \frac{2{,}667 \cdot 10^8}{3{,}125 \cdot 10^8} = 85{,}34\ \%$$

**c)** $$P = 1 - \frac{43^5}{50^5} = 52{,}96\ \%$$

**114.** Siehe auch Aufgabe 62

Es ergeben sich dieselben Ergebnisse wie bei Aufgabe 112, da Zähler und Nenner jeweils mit 120 multipliziert wurden.

**115.** **a)** $P(A \cup B) = P(A) + P(B) - P(A \cap B)$

$P(A \cup B) = P(A) + P(B) - P(A) \cdot P(B)$

$\frac{1}{2} = \frac{1}{5} + P(B) - \frac{1}{5} \cdot P(B)$

$\frac{3}{10} = \frac{4}{5}\ P(B)$

$P(B) = \frac{3}{8}$

**b)** $P(A \backslash B) = P(A) - P(A \cap B)$

$P(A \backslash B) = \frac{1}{5} - \frac{1}{5} \cdot \frac{3}{8} = \frac{1}{8}$

**c)** $P(\overline{A} \backslash \overline{B}) = P(B \backslash A) = P(B) - P(A \cap B)$

$P(\overline{A} \backslash \overline{B}) = \frac{3}{8} - \frac{1}{5} \cdot \frac{3}{8} = \frac{3}{10}$

**116.** $A = \{ZKK;\ ZZK;\ ZKZ;\ ZZZ\}$ $\quad P(A) = \frac{1 \cdot 2 \cdot 2}{2^3} = \frac{1}{2}$

$B = \{KZK;\ ZZK;\ KZZ;\ ZZZ\}$ $\quad P(B) = \frac{2 \cdot 1 \cdot 2}{2^3} = \frac{1}{2}$

$C = \{ZZK;\ KZZ\}$ $\quad P(C) = \frac{1 \cdot 1 \cdot 1 + 1 \cdot 1 \cdot 1}{2^3} = \frac{1}{4}$

**a)** $A \cap C = \{ZZK\}$

$$\left.\begin{array}{l} P(A \cap C) = \frac{1 \cdot 1 \cdot 1}{2^3} = \frac{1}{8} \\ P(A) \cdot P(C) = \frac{1}{2} \cdot \frac{1}{4} = \frac{1}{8} \end{array}\right\} \begin{array}{l} P(A \cap C) = P(A) \cdot P(C) \\ \Rightarrow \text{A und C unabhängig} \end{array}$$

**b)** $B \cap C = \{ZZK;\ KZZ\} = C$

$$\left.\begin{array}{l} P(B \cap C) = P(C) = \frac{1}{4} \\ P(B) \cdot P(C) = \frac{1}{2} \cdot \frac{1}{4} = \frac{1}{8} \end{array}\right\} \begin{array}{l} P(B \cap C) \neq P(B) \cdot P(C) \\ \Rightarrow \text{B und C abhängig} \end{array}$$

**117. a)** $A = \{ZK; KZ\}$ $\qquad P(A) = \frac{2 \cdot 1}{2^2} = \frac{1}{2}$

$B = \{ZK; KZ; KK\}$ $\qquad P(B) = 1 - \frac{1 \cdot 1}{2^2} = \frac{3}{4}$

$A \cap B = \{ZK; KZ\} = A$

$$\left.\begin{array}{l} P(A \cap B) = P(A) \quad = \frac{1}{2} \\ P(A) \cdot P(B) = \frac{1}{2} \cdot \frac{3}{4} \quad = \frac{3}{8} \end{array}\right\} \begin{array}{l} P(A \cap B) \neq P(A) \cdot P(B) \\ \Rightarrow \text{A und B abhängig} \end{array}$$

**b)** $A = \{\overline{ZZZ; KKK}\}$ $\qquad P(A) = 1 - \frac{2 \cdot 1 \cdot 1}{2^3} = 1 - \frac{1}{4} = \frac{3}{4}$

$B = \{KKK; ZKK; KZK; KKZ\}$ $\qquad P(B) = \frac{1 \cdot 1 \cdot 1 + 3 \cdot (1 \cdot 1 \cdot 1)}{2^3} = \frac{1}{2}$

$A \cap B = \{ZKK; KZK; KKZ\}$

$$\left.\begin{array}{l} P(A \cap B) = \frac{3 \cdot (1 \cdot 1 \cdot 1)}{2^3} \quad = \frac{3}{8} \\ P(A) \cdot P(B) = \frac{3}{4} \cdot \frac{1}{2} \quad = \frac{3}{8} \end{array}\right\} \begin{array}{l} P(A \cap B) = P(A)\, P(B) \\ \Rightarrow \text{A und B unabhängig} \end{array}$$

**118.** $A = \{SSS; TTT\}$ $\qquad P(A) = \frac{2 \cdot 1 \cdot 1}{2^3} = \frac{1}{4}$

$B = \{SST; STS; TSS; SSS\}$ $\qquad P(B) = \frac{3 \cdot (1 \cdot 1 \cdot 1) + 1 \cdot 1 \cdot 1}{2^3} = \frac{1}{2}$

$C = \{\overline{SSS}\}$ $\qquad P(C) = 1 - \frac{1 \cdot 1 \cdot 1}{2^3} = \frac{7}{8}$

**a)** $A \cap B = \{SSS\}$

$$\left.\begin{array}{l} P(A \cap B) = \frac{1 \cdot 1 \cdot 1}{2^3} \quad = \frac{1}{8} \\ P(A) \cdot P(B) = \frac{1}{4} \cdot \frac{1}{2} \quad = \frac{1}{8} \end{array}\right\} \begin{array}{l} P(A \cap B) = P(A) \cdot P(B) \\ \Rightarrow \text{A und B unabhängig} \end{array}$$

**b)** $A \cap C = \{TTT\}$

$$\left.\begin{array}{l} P(A \cap C) = \frac{1 \cdot 1 \cdot 1}{2^3} \quad = \frac{1}{8} \\ P(A) \cdot P(C) = \frac{1}{4} \cdot \frac{7}{8} \quad = \frac{7}{32} \end{array}\right\} \begin{array}{l} P(A \cap C) \neq P(A) \cdot P(C) \\ \Rightarrow \text{A und C abhängig} \end{array}$$

**c)** $B \cap C = \{SST; STS; TSS\}$

$$\left.\begin{array}{ll} P(B \cap C) = \dfrac{3 \cdot (1 \cdot 1 \cdot 1)}{2^3} & = \dfrac{3}{8} \\ P(B) \cdot P(C) = \dfrac{1}{2} \cdot \dfrac{7}{8} & = \dfrac{7}{16} \end{array}\right\} \begin{array}{l} P(B \cap C) \neq P(B) \cdot P(C) \\ \Rightarrow \text{B und C abhängig} \end{array}$$

**119.** $P(A) = \dfrac{8}{20} = \dfrac{2}{5}$

$P(E) = \dfrac{5}{20} = \dfrac{1}{4}$

$$\left.\begin{array}{ll} P(A \cap E) = \dfrac{4}{20} & = \dfrac{1}{5} \\ P(A) \cdot P(E) = \dfrac{2}{5} \cdot \dfrac{1}{4} & = \dfrac{1}{10} \end{array}\right\} P(A \cap E) \neq P(A) \cdot P(E)$$

Das Fehlen von Adam und Eva ist abhängig.

**120.** **a)** $P = \dfrac{1}{4} \cdot \dfrac{1}{3} = \dfrac{1}{12}$

**b)** $P = \dfrac{1}{4} \cdot \dfrac{2}{3} + \dfrac{3}{4} \cdot \dfrac{1}{3} = \dfrac{1}{6} + \dfrac{1}{4} = \dfrac{5}{12}$

**c)** $P = \dfrac{3}{4} \cdot \dfrac{2}{3} = \dfrac{1}{2}$

**d)** $P = \dfrac{3}{4} \cdot \dfrac{1}{3} = \dfrac{1}{4}$

**121.** $P(\text{"Verschlafen"}) = \dfrac{1}{5} = 0{,}2$

$P(\text{"Verkehrsstau"}) = 0{,}15$

**a)** $P = 0{,}2 \cdot 0{,}15 = 0{,}03$

**b)** $P = 0{,}2 \cdot 0{,}85 + 0{,}8 \cdot 0{,}15 = 0{,}29$

**c)** $P = 0{,}8 \cdot 0{,}85 = 0{,}68$

**122.** **a)** 0,03676

**b)** 0,09588

**c)** 0 erst für k = 123 ergibt sich ein "sichtbarer" Wert

**d)** 0,68256

**e)** 0,95995

**f)** 1 – 0,67014 = 0,32986

**g)** 1 – 0,71072 = 0,28927

**h)** $\sum_{i=0}^{12} B(20; \frac{1}{3}; i) \quad - \sum_{i=0}^{3} B(20; \frac{1}{3}; i) \quad = 0{,}99628 - 0{,}06045 = 0{,}93583$

**i)** $\sum_{i=0}^{30} B(50; 0{,}5; i) \; - \sum_{i=0}^{19} B(50; 0{,}5; i) \; = 0{,}94054 - 0{,}05946 = 0{,}88108$

**k)** $\sum_{i=0}^{26} B(40; 0{,}55; i) \; - \sum_{i=0}^{17} B(40; 0{,}55; i) = 1 - 0{,}07506 - (1 - 0{,}92332) =$

$= 0{,}84826$

**l)** $\sum_{i=0}^{65} B(100; 0{,}6; i) \; - \sum_{i=0}^{34} B(100; 0{,}6; i) = 1 - 0{,}13034 - (1 - 1) = 0{,}86966$

**m)** $\sum_{i=0}^{190} B(200; 0{,}8; i) \; - \sum_{i=0}^{149} B(200; 0{,}8; i) = 1 - 0 - (1 - 0{,}96550) = 0{,}96550$

**123.** **a)** $P = B(100; \frac{1}{6}; 20) = 0{,}06786$

**b)** $P = \sum_{i=0}^{20} B(100; \frac{1}{6}; i) = 0{,}84811$

**c)** $P = \sum_{i=20}^{100} B(100; \frac{1}{6}; i) = 1 - \sum_{i=0}^{19} B(100; \frac{1}{6}; i) = 1 - 0{,}78025 = 0{,}21975$

**d)** $P = \sum_{i=11}^{29} B(100; \frac{1}{6}; i) = \sum_{i=0}^{29} B(100; \frac{1}{6}; i) - \sum_{i=0}^{10} B(100; \frac{1}{6}; i) =$

$= 0{,}99932 - 0{,}04270 = 0{,}95662$

Unterschied mehr / mindestens und weniger / höchstens beachten!

**e)** $P = \frac{5^9 \cdot 1^{21} \cdot 5^{70}}{6^{100}} = 2{,}5 \cdot 10^{-23}$

Binomialverteilung **nicht** möglich, da festgelegte Plätze!

**124.** $1 - B(n; \frac{1}{6}; 0) \geq 0{,}9$

$1 - \binom{n}{0} \cdot \left(\frac{1}{6}\right)^0 \left(\frac{5}{6}\right)^n \geq 0{,}9$

$\left(\frac{5}{6}\right)^n \leq 0{,}1$

$n \ln \frac{5}{6} \leq \ln 0{,}1$

$n \geq \frac{\ln 0{,}1}{\ln \frac{5}{6}}$

$n \geq 12{,}6$ mindestens 13mal würfeln

**125.** **a)** $P = B(20; \frac{1}{4}; 7) = 0{,}11241$

**b)** $P = \sum_{i=0}^{6} B(20; \frac{1}{4}; i) = 0{,}78578$

**c)** $P = \sum_{i=8}^{20} B(20; \frac{1}{4}; i) = 1 - \sum_{i=0}^{7} B(20; \frac{1}{4}; i) = 1 - 0{,}89819 = 0{,}10181$

**d)** $P = \sum_{i=3}^{17} B(20; \frac{1}{4}; i) = \sum_{i=0}^{17} B(20; \frac{1}{4}; i) - \sum_{i=0}^{2} B(20; \frac{1}{4}; i) =$

$= 1 - 0{,}09126 = 0{,}90874$

**126.** **a)** $P = B(50; \frac{1}{2}; 30) = 0{,}04186$

**b)** $P = \sum_{i=0}^{30} B(50; \frac{1}{2}; i) = 0{,}94054$

**c)** $P = \sum_{i=30}^{50} B(50; \frac{1}{2}; i) = 1 - \sum_{i=0}^{29} B(50; \frac{1}{2}; i) = 1 - 0{,}89868 = 0{,}10132$

**d)** $P = \sum_{i=26}^{50} B(50; \frac{1}{2}; i) = 1 - \sum_{i=0}^{25} B(50; \frac{1}{2}; i) = 1 - 0{,}55614 = 0{,}44386$

**e)** $P = \sum_{i=10}^{40} B(50; \frac{1}{2}; i) = \sum_{i=0}^{40} B(50; \frac{1}{2}; i) - \sum_{i=0}^{9} B(50; \frac{1}{2}; i) = 1 - 0 = 1$

**127.** **a)** $P = B(10; \frac{1}{3}; 5) = 0{,}13656$

**b)** $P = 1 - \sum_{i=0}^{4} B(10; \frac{1}{3}; i) = 0{,}21313$

**c)** $P = \sum_{i=0}^{4} B(10; \frac{1}{3}; i) = 0{,}78687$

**d)** $P = \sum_{i=0}^{1} B(10; \frac{1}{3}; i) = 0{,}10405$

**e)** $P = B(10; \frac{1}{3}; 10) = 0{,}00002$

**f)** $P = B(10; \frac{2}{3}; 1) = 0{,}00034 = B(10; \frac{1}{3}; 9)$

**128.** **a)** $P = \sum_{i=14}^{20} B(20; \frac{2}{3}; i) = 1 - \sum_{i=0}^{13} B(20; \frac{2}{3}; i) = 1 - (1 - 0{,}47934) = 0{,}47934$

**b)** $P = \sum_{i=0}^{13} B(20; \frac{2}{3}; i) = 1 - 0,47934 = 0,52066$

**c)** $P = \sum_{i=11}^{20} B(20; \frac{2}{3}; i) = 1 - \sum_{i=0}^{10} B(20; \frac{2}{3}; i) = 1 - (1 - 0,90810) = 0,90810$

**129.** $1 - B(n; \frac{2}{3}; 0) > 0,99$ **nicht** $\geq 0,99$, da **mehr** als 99 %

$$-\binom{n}{0}\left(\frac{2}{3}\right)^0\left(\frac{1}{3}\right)^n > -0,01$$

$$\left(\frac{1}{3}\right)^n < 0,01$$

$$n \cdot \ln\frac{1}{3} < \ln 0,01$$

$$n > \frac{\ln 0,01}{\ln \frac{1}{3}}$$ $n > 4,2$ mindestens 5 Spiele

**130.** Siehe auch Aufgabe 93 e, f, g, d

**a)** $P = B(5; \frac{1}{2}; 2) = 0,31250$

**b)** $P = \sum_{i=2}^{5} B(5; \frac{1}{2}; i) = 1 - \sum_{i=0}^{1} B(5; \frac{1}{2}; i) = 1 - 0,18750 = 0,81250$

**c)** $P = \sum_{i=0}^{2} B(5; \frac{1}{2}; i) = 0,50000$

**d)** $P = \frac{1}{2} \cdot \frac{1}{2} \cdot \frac{1}{2} \cdot \frac{1}{2} \cdot \frac{1}{2} = 0,03125$

Binomial-Verteilung **nicht** möglich, da festgelegte Plätze

**131. a)** $P = B(200; 0,65; 120) = 0,01958$

**b)** $P = \sum_{i=0}^{120} B(200; 0,65; i) = 1 - 0,91953 = 0,08047$

**c)** $P = \sum_{i=121}^{200} B(200; 0,65; i) = 1 - \sum_{i=0}^{120} B(200; 0,65; i) = 1-(1-0,91953) =$
$= 0,91953$

**d)** $P = \sum_{i=110}^{130} B(200; 0,65; i) = \sum_{i=0}^{130} B(200; 0,65; i) - \sum_{i=0}^{109} B(200; 0,65; i) =$
$= 1 - 0,47341 - (1-0,99861) = 0,52520$

**132.** $1 - B(n; 0,65; 0) \geq 0,95$

$-\binom{n}{0} 0,65^{0} \cdot 0,35^{n} \geq -0,05$

$0,35^{n} \leq 0,05$

$n \cdot \ln 0,35 \leq \ln 0,05$

$n \geq \dfrac{\ln 0,05}{\ln 0,35}$ $\quad n \geq 2,85 \quad$ mindestens 3mal schießen

**133.** Siehe auch Aufgabe 102 c, d, e, f, g

**a)** $P = \frac{1}{2} \cdot 1 \cdot 1 \cdot 1 \quad = 0,5$

**b)** $P = \frac{1}{2} \cdot \frac{1}{2} \cdot \frac{1}{2} \cdot \frac{1}{2} = 0,0625$

(a, b): Binomial-Verteilung **nicht** möglich, da festgelegte Plätze

**c)** $P = B(4; \frac{1}{2}; 1) = 0,25000$

**d)** $P = \sum_{i=0}^{1} B(4; \frac{1}{2}; i) = 0,31250$

**e)** $P = \sum_{i=1}^{4} B(4; \frac{1}{2}; i) = 1 - \sum_{i=0}^{0} B(4; \frac{1}{2}; i) = 1 - 0,06250 = 0,93750$

**f)** $P = \frac{10}{20} \cdot \frac{3}{20} \cdot \left(\frac{7}{20}\right)^2 \cdot \binom{4}{2}\binom{2}{1}\binom{1}{1} = 0,11025$

Binomial-Verteilung **nicht** möglich, da keine Zerlegung in rot / nicht rot möglich

**134.** **a)** $P = \sum_{i=21}^{40} B(40; 0{,}6; i) = 1 - \sum_{i=0}^{20} B(40; 0{,}6; i) = 1 - (1 - 0{,}87023) = 0{,}87023$

**b)** $P = \sum_{i=0}^{20} B(40; 0{,}6; i) = 1 - 0{,}87023 = 0{,}12977$

**c)** $P = \sum_{i=15}^{25} B(40; 0{,}6; i) = \sum_{i=0}^{25} B(40; 0{,}6; i) - \sum_{i=0}^{14} B(40; 0{,}6; i) =$

$= 1 - 0{,}31743 - (1 - 0{,}99878) = 0{,}68135$

**d)** $P = B(40; 0{,}6; 25) = \sum_{i=0}^{25} B(40; 0{,}6; i) - \sum_{i=0}^{24} B(40; 0{,}6; i) =$

$= 1 - 0{,}31743 - (1 - 0{,}44022) = 0{,}12279$

Berechnung über die Summenwahrscheinlichkeiten nötig, da Tabelle für n = 40 nur für kumulative Binomial-Verteilung vorhanden!

**135.** **a)** $P = B(50; 0{,}2; 8) = 0{,}11692$

**b)** $P = \sum_{i=0}^{8} B(50; 0{,}2; i) = 0{,}30733$

**c)** $P = \sum_{i=9}^{50} B(50; 0{,}2; i) = 1 - \sum_{i=0}^{8} B(50; 0{,}2; i) = 1 - 0{,}30733 = 0{,}69267$

**d)** $P = \sum_{i=8}^{16} B(50; 0{,}2; i) = \sum_{i=0}^{16} B(50; 0{,}2; i) - \sum_{i=0}^{7} B(50; 0{,}2; i) =$

$= 0{,}98556 - 0{,}19041 = 0{,}79515$

**136.** **a)** $P = B(200; 0{,}05; 7) = 0{,}08956$

**b)** $P = \sum_{i=0}^{6} B(200; 0{,}05; i) = 0{,}12374$

**c)** $P = \sum_{i=7}^{15} B(200; 0{,}05; i) = \sum_{i=0}^{15} B(200; 0{,}05; i) - \sum_{i=0}^{6} B(200; 0{,}05; i) =$

$= 0{,}95564 - 0{,}12374 = 0{,}83190$

**137.** **a)** $P = B(50; \frac{1}{4}; 12) = 0{,}12937$

**b)** $P = \sum_{i=0}^{12} B(50; \frac{1}{4}; i) = 0{,}51099$

**c)** $P = \sum_{i=13}^{50} B(50; \frac{1}{4}; i) = 1 - \sum_{i=0}^{12} B(50; \frac{1}{4}; i) = 1 - 0{,}51099 = 0{,}48901$

**d)** $P = \sum_{i=26}^{50} B(50; \frac{1}{4}; i) = 1 - \sum_{i=0}^{25} B(50; \frac{1}{4}; i) = 1 - 0{,}99996 = 0{,}00004$

**138.** **a)** $P = \sum_{i=4}^{5} B(5; 0{,}7; i) = 1 - \sum_{i=0}^{3} B(5; 0{,}7; i) = 1 - (1 - 0{,}52822) = 0{,}52822$

**b)** $1 - B(n; 0{,}2; 0) \geq 0{,}8$

$-\binom{n}{0} 0{,}2^0 \; 0{,}8^n \geq -0{,}2$

$0{,}8^n \leq 0{,}2$

$n \cdot \ln 0{,}8 \leq \ln 0{,}2$

$n \geq \frac{\ln 0{,}2}{\ln 0{,}8}$ $\qquad$ $n \geq 7{,}2$ $\qquad$ mindestens 8 Fragen

**139.** **a)** $P = B(100; 0{,}1; 7) = 0{,}08890$

**b)** $P = \sum_{i=8}^{100} B(100; 0{,}1; i) = 1 - \sum_{i=0}^{7} B(100; 0{,}1; i) = 1 - 0{,}20605 = 0{,}79395$

**c)** $P = \sum_{i=7}^{27} B(100; 0{,}1; i) = \sum_{i=0}^{27} B(100; 0{,}1; i) - \sum_{i=0}^{6} B(100; 0{,}1; i) =$

$= 1 - 0{,}11716 = 0{,}88284$

**140.** **a)** $P = B(25; \frac{2}{3}; 25) = \sum_{i=0}^{25} B(25; \frac{2}{3}; i) - \sum_{i=0}^{24} B(25; \frac{2}{3}; i) =$

$= 1 - (1 - 0{,}00004) = 0{,}00004 = B(25; \frac{1}{3}; 0)$

Berechnung über Summenwahrscheinlichkeiten nötig, da Tabelle für n = 25 nur für kumulative Binomial-Verteilung vorhanden!

**b)** $P = B(25; \frac{1}{3}; 25) = \sum_{i=0}^{25} B(25; \frac{1}{3}; i) - \sum_{i=0}^{24} B(25; \frac{1}{3}; i) =$

$= 1 - 1 = 0$ siehe a

**c)** $P = B(25; \frac{1}{3}; 10) = \sum_{i=0}^{10} B(25; \frac{1}{3}; i) - \sum_{i=0}^{9} B(25; \frac{1}{3}; i) =$

$= 0{,}82201 - 0{,}69560 = 0{,}12641$ siehe a)

**d)** $P = \sum_{i=0}^{10} B(25; \frac{1}{3}; i) = 0{,}82201$

**e)** $P = \sum_{i=13}^{25} B(25; \frac{1}{3}; i) = 1 - \sum_{i=0}^{12} B(25; \frac{1}{3}; i) = 1 - 0{,}95849 = 0{,}04151$

**141.** **a)** $P = B(100; 0{,}15; 25) = 0{,}00311$

**b)** $P = \sum_{i=0}^{24} B(100; 0{,}15; i) = 0{,}99392$

**c)** $P = \sum_{i=10}^{30} B(100; 0{,}15; i) = \sum_{i=0}^{30} B(100; 0{,}15; i) - \sum_{i=0}^{9} B(100; 0{,}15; i) =$

$= 0{,}99996 - 0{,}05509 = 0{,}94487$

**142.** **a)** $P = B(50; 0{,}75; 10) = 0$ (besser) $< 5 \cdot 10^{-16}$)

**b)** $P = \sum_{i=40}^{50} B(50; 0{,}75; i) = 1 - \sum_{i=0}^{39} B(50; 0{,}75; i) = 1 - (1 - 0{,}26220) =$

$= 0{,}26220$

**c)** $P = \sum_{i=10}^{40} B(50; 0,75; i) = \sum_{i=0}^{40} B(50; 0,75; i) - \sum_{i=0}^{9} B(50; 0,75; i) =$

$= 1 - 0,16368 - (1 - 1) = 0,83632$

**143.** $1 - B(n; 0,75; 0) > 0,99$ nur >, da mehr als

$-\binom{n}{0} 0,75^0\ 0,25^n > -0,01$

$0,25^n < 0,01$

$n \cdot \ln 0,25 < \ln 0,01$

$n > \frac{\ln 0,01}{\ln 0,25}$ $n > 3,3$ mindestens 4 Frauen

**144.** **a)** $P = B(20; \frac{1}{5}; 0) = 0,01153$

**b)** $P = \sum_{i=1}^{20} B(20; \frac{1}{5}; i) = 1 - \sum_{i=0}^{0} B(20; \frac{1}{5}; i) = 1 - B(20; \frac{1}{5}; 0) =$

$= 1 - 0,01153 = 0,98847$

**c)** $P = \sum_{i=7}^{13} B(20; \frac{1}{5}; i) = \sum_{i=0}^{13} B(20; \frac{1}{5}; i) - \sum_{i=0}^{6} B(20; \frac{1}{5}; i) =$

$= 1 - 0,91331 = 0,08669$

**145.** $P(1) : P(2) : P(3) : P(4) = 1 : 2 : 3 : 4 \Rightarrow P(1) = \frac{1}{10}$

**a)** $P = B(100; \frac{1}{10}; 20) = 0,00117$

**b)** $P = \sum_{i=0}^{20} B(100; \frac{1}{10}; i) = 0,99919$

**c)** $P = \sum_{i=21}^{100} B(100; \frac{1}{10}; i) = 1 - \sum_{i=0}^{20} B(100; \frac{1}{10}; i) = 1 - 0,99919 = 0,00081$

**d)** $P = \sum_{i=10}^{30} B(100; \frac{1}{10}; i) = \sum_{i=0}^{30} B(100; \frac{1}{10}; i) - \sum_{i=0}^{9} B(100; \frac{1}{10}; i) =$

$= 1 - 0{,}45129 = 0{,}54871$

**146.** $1 - B(n; \frac{1}{10}; 0) \geq 0{,}95$

$-\binom{n}{0}\left(\frac{1}{10}\right)^0 \left(\frac{9}{10}\right)^n \geq -0{,}05$

$\left(\frac{9}{10}\right)^n \leq 0{,}05$

$n \cdot \ln \frac{9}{10} \leq \ln 0{,}05$

$n \geq \frac{\ln 0{,}05}{\ln 0{,}9}$ $\qquad n \geq 28{,}4$ $\qquad$ mindestens 29 Spiele

**147.** **a)** $P = B(100; 0{,}15; 13) = 0{,}10012$

**b)** $P = \sum_{i=0}^{2} B(100; 0{,}15; i) = 0{,}00002$

**c)** $P = \sum_{i=3}^{13} B(100; 0{,}15; i) = \sum_{i=0}^{13} B(100; 0{,}15; i) - \sum_{i=0}^{2} B(100; 0{,}15; i) =$

$= 0{,}34743 - 0{,}00002 = 0{,}34741$

**148.** $1 - B(n; 0{,}15; 0) > 0{,}99$ $\qquad$ nur >, da mehr als

$-\binom{n}{0} 0{,}15^0 \; 0{,}85^n > -0{,}01$

$0{,}85^n < 0{,}01$

$n \cdot \ln 0{,}85 < \ln 0{,}01$

$n > \frac{\ln 0{,}01}{\ln 0{,}85}$ $\qquad n > 28{,}3$ $\qquad$ mindestens 29 Glühbirnen

**149.** **a)** $P = B(100; 0,02; 0) = 0,13262$

**b)** $P = B(100; 0,02; 4) = 0,09021$

**c)** $P = \sum_{i=5}^{100} B(100; 0,02; i) = 1 - \sum_{i=0}^{4} B(100; 0,02; i) = 1 - 0,94917 = 0,05083$

**d)** $P = \sum_{i=1}^{4} B(100; 0,02; i) = \sum_{i=0}^{4} B(100; 0,02; i) - \sum_{i=0}^{0} B(100; 0,02; i) =$

$= \sum_{i=0}^{4} B(100; 0,02; i) - B(100; 0,02; 0) = 0,94917 - 0,13262 =$

$= 0,81655$

**150.**

| | für $p_1$ 0 . . . 4 | für $p_2$ 5 . . . 10 | rote Kugeln |
|---|---|---|---|
| $p_1 = 0,3$ | richtig | falsch$^{\alpha}$ | |
| $p_2 = 0,6$ | falsch$^{\beta}$ | richtig | |

$P(\alpha) = \sum_{i=5}^{10} B(10; 0,3; i) = 1 - \sum_{i=0}^{4} B(10; 0,3; i) = 1 - 0,84973 = 0,15027$

Mit 15 % Wahrscheinlichkeit wird die Hypothese $p_1 = 0,3$ abgelehnt, obwohl sie wahr ist.

$P(\beta) = \sum_{i=0}^{4} B(10; 0,6; i) = 1 - 0,83376 = 0,16624$

Mit 16,6 % Wahrscheinlichkeit wird die Hypothese $p_2 = 0,6$ abgelehnt, obwohl sie wahr ist.

**151.**

| | für $p_1$ 0 . . . 2 | für $p_2$ 3 . . . 6 | rote Kugeln |
|---|---|---|---|
| $p_1 = 0,3$ | richtig | falsch$^{\alpha}$ | |
| $p_2 = 0,6$ | falsch$^{\beta}$ | richtig | |

$$P(\alpha)=\frac{\binom{12}{3}\binom{28}{3}+\binom{12}{4}\binom{28}{2}+\binom{12}{5}\binom{28}{1}+\binom{12}{6}\binom{28}{0}}{\binom{40}{6}}=$$

$$=\frac{220\cdot 3\,276+495\cdot 378+792\cdot 28+924\cdot 1}{3\,838\,380}=0{,}24253$$

Mit 24,3 % Wahrscheinlichkeit wird die Hypothese $p_1 = 0{,}3$ abgelehnt, obwohl sie wahr ist.

$$P(\beta)=\frac{\binom{24}{0}\binom{16}{6}+\binom{24}{1}\binom{16}{5}+\binom{24}{2}\binom{16}{4}}{\binom{40}{6}}=$$

$$=\frac{1\cdot 8\,008+24\cdot 4\,368+276\cdot 1\,820}{3\,838\,380}=0{,}16027$$

Mit 16 % Wahrscheinlichkeit wird die Hypothese $p_2 = 0{,}6$ abgelehnt, obwohl sie wahr ist.

**152.**

| | gegen $p_0$<br>0 . . . 19; 47 . . . 200 | für $p_0$<br>20 . . . 46 | Augenzahl 6 |
|---|---|---|---|
| $p_0 = \frac{1}{6}$ | falsch$^{\alpha}$ | richtig | |
| $p \neq \frac{1}{6}$ | richtig | falsch | |

$$P(\alpha)=\sum_{i=0}^{19} B(200;\tfrac{1}{6};i)+\sum_{i=47}^{200} B(200;\tfrac{1}{6};i)=$$

$$=\sum_{i=0}^{19} B(200;\tfrac{1}{6};i)+1-\sum_{i=0}^{46} B(200;\tfrac{1}{6};i)=$$

$$=0{,}00270+1-0{,}99193=0{,}01077$$

Mit 1 % Wahrscheinlichkeit weist Herr Zweifel die Behauptung zu unrecht zurück.

**153.**

| | für $p_1$ 0 . . . 1 | für $p_2$ 2 . . . 5 | defekt |
|---|---|---|---|
| $p_1 = 0{,}1$ | richtig | falsch$^{\alpha}$ | |
| $p_2 = 0{,}4$ | falsch$^{\beta}$ | richtig | |

$$P(\alpha) = \sum_{i=2}^{5} B(5; 0{,}1; i) = 1 - \sum_{i=0}^{1} B(5; 0{,}1; i) = 1 - 0{,}91854 = 0{,}08146$$

Mit 8,1 % Wahrscheinlichkeit werden Schrauben 1. Qualität für 2. Qualität gehalten.

$$P(\beta) = \sum_{i=0}^{1} B(5; 0{,}4; i) = 0{,}33696$$

Mit 33,7 % Wahrscheinlichkeit werden Schrauben 2. Qualität für 1. Qualität gehalten.

**154.** Siehe auch Aufgabe 153

$$P(\beta) = \sum_{i=0}^{c} B(5; 0{,}4; i) < 0{,}1 \quad \Rightarrow \quad c = 0, \text{ da } \sum_{i=0}^{0} B(5; 0{,}4; i) = 0{,}07776$$

Neue Entscheidungsregel: nur wenn alle Schrauben der Stichprobe in Ordnung sind, entscheidet man auf 1. Qualität.

$$P(\alpha) = \sum_{i=1}^{5} B(5; 0{,}1; i) = 1 - \sum_{i=0}^{0} B(5; 0{,}1; i) = 1 - 0{,}59049 = 0{,}40951$$

Bei der neuen Entscheidungsregel werden mit 40,9 % Wahrscheinlichkeit Schrauben 1. Qualität für 2. Qualität gehalten.

**155.**

| | für $p_0$ 0 . . . 1 | gegen $p_0$ 2 . . . 4 | Ausschuß |
|---|---|---|---|
| $p_0 = 0{,}1$ | richtig | falsch$^{\alpha}$ | |
| $p \neq 0{,}1$ | falsch | richtig | |

$$P(\alpha) = \frac{\binom{5}{2}\binom{45}{2} + \binom{5}{3}\binom{45}{1} + \binom{5}{4}\binom{45}{0}}{\binom{50}{4}} = \frac{10 \cdot 990 + 10 \cdot 45 + 5 \cdot 1}{230\,300} = 0{,}04496$$

Mit 4,5 % Wahrscheinlichkeit wird die Sendung zurückgewiesen, obwohl der Ausschußanteil 10 % beträgt.

**156.**

| | gegen $p_0$<br>0 . . . 20; 31 . . . 100 | für $p_0$<br>21 . . . 30 | Augenzahl 1 |
|---|---|---|---|
| $p_0 = \frac{1}{4}$ | falsch$^{\alpha}$ | richtig | |
| $p \neq \frac{1}{4}$ | richtig | falsch | |

$$P(\alpha) = \sum_{i=0}^{20} B(100; \frac{1}{4}; i) + \sum_{i=31}^{100} B(100; \frac{1}{4}; i) =$$
$$= \sum_{i=0}^{20} B(100; \frac{1}{4}; i) + 1 - \sum_{i=0}^{30} B(100; \frac{1}{4}; i) =$$
$$= 0{,}14883 + 1 - 0{,}89621 = 0{,}25262$$

Mit 25,3 % Wahrscheinlichkeit gibt er das Tetraeder zurück, obwohl es ein Laplace-Tetraeder ist.

**157.**

| | gegen $p_0$<br>0 . . . 69 | für $p_0$<br>70 . . . 100 | Ja-Stimmen |
|---|---|---|---|
| $p_0 = 0{,}75$ | falsch$^{\alpha}$ | richtig | |
| $p \neq 0{,}75$ | richtig | falsch | |

$$P(\alpha) = \sum_{i=0}^{69} B(100; 0{,}75; i) = 1 - 0{,}89621 = 0{,}10379$$

Mit 10,4 % Wahrscheinlichkeit eröffnet Frau Selbermach den Laden nicht, obwohl die Meldung wahr ist.

**158.** Siehe auch Aufgabe 157

$$P(\alpha) = \sum_{i=0}^{c} B(100; 0{,}75; i) < 0{,}05$$

$$\Rightarrow c = 67, \quad \text{da} \sum_{i=0}^{67} B(100; 0{,}75; i) = 1 - 0{,}95540 = 0{,}04460$$

Neue Entscheidungsregel: sind unter 100 befragten Frauen mindestens 68, die handarbeiten, so eröffnet Frau Selbermach den Laden.

**159.**

| | für $p_2$<br>0 . . . 7 | für $p_1$<br>8 . . . 10 | Treffer |
|---|---|---|---|
| $p_1 = 0{,}9$ | falsch$^{\alpha}$ | richtig | |
| $p_2 = 0{,}5$ | richtig | falsch$^{\beta}$ | |

$$P(\alpha) = \sum_{i=0}^{7} B(10; 0,9; i) = 1 - 0,92981 = 0,07019$$

Mit 7 % Wahrscheinlichkeit hält er das gute Gewehr für schlecht.

$$P(\beta) = \sum_{i=8}^{10} B(10; 0,5; i) = 1 - \sum_{i=0}^{7} B(10; 0,5; i) = 1 - 0,94531 = 0,05469$$

Mit 5,5 % Wahrscheinlichkeit hält er das schlechte Gewehr für gut.

**160.**

| | gegen $p_0$<br>0 . . . 25; 54 . . . 200 | für $p_0$<br>26 . . . 53 | gleicher Sektor |
|---|---|---|---|
| $p_0 = \frac{1}{5}$ | falsch$^{\alpha}$ | richtig | |
| $p \neq \frac{1}{5}$ | richtig | falsch | |

$$P(\alpha) = \sum_{i=0}^{25} B(200; \tfrac{1}{5}; i) + \sum_{i=54}^{200} B(200; \tfrac{1}{5}; i) =$$

$$= \sum_{i=0}^{25} B(200; \tfrac{1}{5}; i) + 1 - \sum_{i=0}^{53} B(200; \tfrac{1}{5}; i) =$$

$$= 0,00363 + 0,98972 = 0,01391$$

Mit 1,4 % Wahrscheinlichkeit beanstandet Herr Schaulang das Glücksrad zu unrecht.

**161.**

| | für $p_1$<br>0 . . . 8 | für $p_2$<br>9 . . . 20 | karierte Packungen |
|---|---|---|---|
| $p_1 = \frac{1}{5}$ | richtig | falsch$^{\alpha}$ | |
| $p_2 = \frac{1}{2}$ | falsch$^{\beta}$ | richtig | |

**a)** $P(\alpha) = \sum_{i=9}^{20} B(20; \frac{1}{5}; i) = 1 - \sum_{i=0}^{8} B(20; \frac{1}{5}; i) = 1 - 0{,}99002 = 0{,}00998$

Mit 1 % Wahrscheinlichkeit lehnt die Schule ein vereinbarungsgemäßes Angebot ab.

**b)** $P(\beta) = \sum_{i=0}^{8} B(20; \frac{1}{2}; i) = 0{,}25172$

Mit 25,2 % Wahrscheinlichkeit nimmt die Schule eine Sendung an, in der gleich viel liniertes und kariertes Papier ist.

**162.**

| | für $p_1$ 0 . . . 4 | für $p_2$ 5 . . . 50 | verdorbene Früchte |
|---|---|---|---|
| $p_1 = 0{,}15$ | richtig | falsch$^{\alpha}$ | |
| $p_2 = 0{,}25$ | falsch$^{\beta}$ | richtig | |

**a)** $P(\alpha) = \sum_{i=5}^{50} B(50; 0{,}15; i) = 1 - \sum_{i=0}^{4} B(50; 0{,}15; i) = 1 - 0{,}11211 =$

$= 0{,}88789$

**b)** $P(\alpha) = \sum_{i=c}^{50} B(50; 0{,}15; i) = 1 - \sum_{i=0}^{c-1} B(50; 0{,}15; i) \leq 0{,}5$

$\Rightarrow c - 1 = 7 \quad , \quad \text{da } 1 - \sum_{i=0}^{7} B(50; 0{,}15; i) = 1 - 0{,}51875 = 0{,}48125$

Neue Entscheidungsregel: sind unter 50 Früchten weniger als 8 verdorben, entscheiden sie auf 15 % Ausschuß.

# Ihre Meinung ist uns wichtig!

Ihre Anregungen sind uns immer willkommen. Bitte informieren Sie uns mit diesem Schein über Ihre Verbesserungsvorschläge!

| Titel-Nr. | Seite | Vorschlag |
|---|---|---|
| | | |
| | | |
| | | |
| | | |
| | | |
| | | |
| | | |
| | | |
| | | |

Bitte hier abtrennen

Bitte hier abtrennen

**Zutreffendes bitte ankreuzen!**

**Die Absenderin/der Absender ist:**

- ☐ Lehrer/in in den Klassenstufen: ____
- ☐ Fachbetreuer/in
  Fächer: ____
- ☐ Seminarlehrer/in
  Fächer: ____
- ☐ Regierungsfachberater/in
  Fächer: ____
- ☐ Oberstufenbetreuer/in
- ☐ Schulleiter/in
- ☐ Referendar/in, Termin 2. Staats-examen: ____
- ☐ Leiter/in Lehrerbibliothek
- ☐ Leiter/in Schülerbibliothek
- ☐ Sekretariat
- ☐ Eltern
- ☐ Schüler/in, Klasse: ____
- ☐ Sonstiges: ____

**Unterrichtsfächer:** (Bei Lehrkräften!)

____

19-V1T_NW

Bitte ausfüllen und im frankierten Umschlag
an uns einsenden. Für Fensterkuverts geeignet.

**STARK Verlag**
**Postfach 1852**
**85318 Freising**

**Kennen Sie Ihre Kundennummer?**
**Bitte hier eintragen.**

## Absender (Bitte in Druckbuchstaben!)

Name/Vorname

Straße/Nr.

PLZ/Ort/Ortsteil

Telefon privat

Geburtsjahr

E-Mail

## Schule/Schulstempel (Bitte immer angeben!)

*(Bitte blättern Sie um)*